Teddy
Beurre
House

Viennoiserie
Book

김동윤

미국 플로리다 올랜도에서 제과제빵을 처음 접한 후 한국에 돌아와 오뗄두스에서 파티시에로서의 경력을 시작했다. 그 후 좀 더 다양한 경험을 쌓고자 호주로 건너가 여러 파티세리에서 스타지로 일하며 식견을 넓혔다. 한국으로 돌아온 후에는 로드샵부터 호텔, 그리고 미슐랭 2스타 '주옥'에서 페이스트리 셰프로 메뉴 개발을 했다. 2022년 10월 2일 김훈 대표와 함께 테디뵈르하우스 용산 본점을 오픈해 총괄 셰프로서 메뉴 개발과 제품 생산 및 품질 관리에 집중하고 있으며, 현재 더현대 2호점 오픈과 다양한 브랜드와의 콜라보 및 백화점 팝업 등으로 바쁜 나날을 보내고 있다.

Teddy Beurre House
Viennoiserie Book

테디뵈르하우스 비엔누아즈리 북

초판 1쇄 인쇄   2024년 06월 10일
초판 1쇄 발행   2024년 06월 25일

지은이 김동윤 | **펴낸이** 박윤선 | **발행처** (주)더테이블

기획·편집 박윤선 | **교정·교열** 김영란 | **디자인** 김보라 | **사진·영상** 조원석
영업·마케팅 김남권, 조용훈, 문성빈 | **경영지원** 김효선, 이정민

주소 경기도 부천시 조마루로385번길 122 삼보테크노타워 2002호
홈페이지 www.icoxpublish.com | **쇼핑몰** www.baek2.kr (백두도서쇼핑몰) | **인스타그램** @thetable_book
이메일 thetable_book@naver.com | **전화** 032) 674-5685 | **팩스** 032) 676-5685
등록 2022년 8월 4일 제 386-2022-000050 호 | **ISBN** 979-11-92855-06-6 (13590)

Teddy Beurre House

Viennoiserie Book

테디뵈르하우스 비엔누아즈리 북

김동윤 지음

더 테이블
THE TABLE

Prologue

지난 10년간 파티세리 분야에서 파티시에로 일한 저에게 크루아상 전문점인 테디뵈르하우스에서 총괄 셰프로 일해보라는 제안은 선뜻 받아들이기 어려운, 무모한 도전에 가까웠습니다.

다른 제품들도 마찬가지이겠지만 특히 크루아상은 공정 하나하나에서 신경을 써야 할 포인트들이 많고, 대량생산을 위해서는 파이롤러 작업이 필수라 직원 교육 측면에서도 쉽지 않은 일이라는 생각이 앞서 선뜻 결정하기가 어려웠습니다.

하지만 이때 당시만 해도 이렇다 할 크루아상 전문 브랜드가 없어 욕심이 나기도 했고, 이미 많은 브랜드를 성공시킨 경험이 있는 김훈 대표와 뚜기 양지우 디렉터의 결단에 저 역시 동참하게 되었습니다.

테디뵈르하우스를 오픈하기 전, 총괄 셰프로서 정말 많은 테스트를 했습니다. (크루아상으로 할 수 있는 테스트란 테스트는 정말 다 해본 것 같아요.) 저온 숙성과 스트레이트 제법 두 가지 반죽법을 기준으로 달걀의 첨가 유무에서부터 국내에서 구할 수 있는 레스큐어, 이즈니, 엘르앤비르, 콜만 등 수많은 제품으로 테스트를 하고 업계 관계자와 지인들을 불러 블라인드 테스트까지 진행했습니다.

이렇게 장장 6개월 동안 크루아상이라는 단 하나의 메뉴만 테스트해서 나온 결과물이 이 책에 수록된, 현재 테디뵈르하우스에서 판매하고 있는 '뵈르 크루아상'입니다.

오픈 초반에 출시해 현재까지도 스테디셀러로 자리매김하며 많은 분들에게 사랑을 받고 있는 마르게리타, 피스타치오 퀸아망, 아몬드 크루아상, 콘 에그 크루아상, 도넛 크루아상(크룽지) 역시 3개월 이상의 테스트와 레시피 수정을 반복하며 탄생된 제품들입니다.

대량생산을 염두에 두고 어떤 직원이 만들어도 일정한 품질로, 어렵거나 복잡하지 않게 작업할 수 있는 레시피로 완성하기 위해 오랜 시간이 걸렸지만, 그만큼 이 레시피를 보는 분들 또한 실무적으로 유용하게 활용할 수 있으실 것이라 생각합니다.

크루아상의 매력은 잘 만들어진 기본 반죽만 있다면 다양한 성형법과 충전물로 무한한 변형이 가능하다는 것이 아닐까 생각합니다. 반죽을 밀고 펴고 휴지시키는 시간이 필요한, 조금은 번거로울 수 있는 작업이지만 이 반죽 하나로 이렇게나 다양한 제품들이 탄생할 수 있다는 점은 분명 이 제품의 큰 매력일 것입니다.

이러한 크루아상의 매력을 독자 분들에게 최대한 많이 보여드리고자, 인쇄 직전까지 촬영을 거듭하며 현재 테디뵈르하우스에서 출시된 또는 출시 예정인 신메뉴들을 모두 담았습니다.

지금 보고 있는 이 책이 여러분들에게 '최고'의 책일지는 모르겠습니다만, '최선'의 도움이 되는 책이 되기를 바라며 지난 1년간 책 작업에 성실하게 임했습니다. 제가 저자로서 할 수 있는 모든 것, 테디뵈르하우스의 모든 레시피를 담은 만큼 현장에 계신 분들과 테디뵈르하우스를 사랑하는 분들 모두에게 재미있고 유익한 책이 되기를 바랍니다.

2024년 6월, 저자 **김동윤**

테디뵈르하우스

테디뵈르하우스는 2022년 10월 2일 용산 본점과
2호점인 더현대서울점 두 곳이 운영되고 있습니다.
이밖에 백화점 팝업, 다양한 브랜드들과의 콜라보 작업으로
고객분들에게 다가가고 있습니다.

테디뵈르하우스 용산점

주소   서울 용산구 한강대로40가길 42 1층
전화   0507 1379 8667
영업 시간   10:00 ~ 22:00

테디뵈르하우스 더현대서울점

주소   서울 영등포구 여의대로 108 B1
전화   0507 1423 8503
영업 시간   10:30 ~ 20:30

Teddy's Friends

테디의 친구들

@hun.gry.gram

쌤쌤쌤을 오픈하며 다음은 2호점을 차리는 게 나을까? 아니면 새로운 브랜드를 여는 게 나을까? 고민하던 찰나 문득 호주에서 브런치로 먹던 빵이 생각났고, 그 길로 각 업계의 전문가들을 만나 새로운 브랜드를 기획했습니다. 테디뵈르하우스의 메뉴를 이끌어줄 김동윤 셰프님, 남준영 공간 디렉터, 베이커리 기획자 뚜기, 일러스트레이터 노아님, 인테리어를 맡은 김성규 실장님과 함께 서울 최고의 크루아상 브랜드를 열어보자는 합심으로 탄생된 게 바로 테디뵈르하우스입니다. 우리의 피와 땀의 노력이 지금의 테디뵈르하우스가 되었고, 그 결실로 레시피 북이 세상에 나오게 되었습니다. 앞으로도 테디뵈르하우스의 맛있는 빵과 레시피 북! 모두 많이 사랑해주세요.

- 쌤쌤쌤 & 테디뵈르하우스 대표 김훈 -

@dduki___

안녕하세요! 테디뵈르하우스의 엄마 뚜기, 양지우입니다. 빵 덕후 디렉터로서 테디뵈르하우스를 함께 만들 수 있었다는 건 참으로 큰 영광이었습니다. 처음 이곳을 기획할 때 저는 누구ㅏ 좋아하는 크루아상에 낭만 있는 파리의 무드와 귀여운 곰돌이 캐릭터를 더해 오래오래 사랑받을 수 있는 빵집을 만들고 싶었어요. 그렇게 완성된 테디뵈르하우스가 지금까지도 변함없이 꾸준히 사랑받는 가장 큰 이유는 동윤 셰프님이 만든 정말 맛있는 크루아상 때문이라고 생각합니다. 그런데 이 레시피가 담긴 책이 나온다니! 이거 공개해도 되는 건가요...?(농담!) 여러분, 테디뵈르하우스의 레시피 북 많이 사랑해주시고 테디뵈르하우스의 빵도 오래도록 맛있게 즐겨주세요!

- 테디뵈르하우스 엄마 뚜기, 양지우 -

"Happiness is with us always!"

Merci beaucoup!

@noahstory_

테디뵈르하우스는 단순한 인기 빵집을 넘어선, 청년들의 열정과 창의력의 결정체입니다. 서로의 아이디어가 조화를 이루며, 새로운 도전은 순식간에 현실이 되었죠. 이 아름다운 여정에 그림으로 함께 알 수 있어 기쁘고, 앞으로도 더 사랑받는 대한민국의 문화 '테디뵈르하우스'가 되기를! 진심으로 바랍니다.

- 테디뵈르하우스 일러스트레이터 &
여행 유튜버 삐까뚱씨 노아 -

@omnibus1987

테디뵈르하우스를 공사하면서 이곳이 많은 사람들에게 사랑을 받게 된다면 '공간이 주는 힘이 아주 크게 작용한 결과일 거야'라고 생각했습니다. 신용산 테디뵈르하우스의 공사가 마무리될 때쯤 김동윤 셰프님이 한번 먹어보라며 갓구워져 나온 크루아상을 주셨던 기억이 납니다. 그때 다시 생각했죠. '아... 공간보다 빵의 힘이 더 크게 작용하겠구나!'라고 말이에요. 테디뵈르하우스의 빵은 오랜 시간 정성을 쏟아 공사한 공간만큼이나, 아니 어쩌면 그보다 훨씬 더 많은 정성이 들어간 연구와 노력의 결실이라는 생각이 듭니다. 그런 맛있는 빵들의 레시피가 담긴 책이 나온다고 하니 테디뵈르하우스의 빵을 좋아하고 궁금하셨을 모든 분들에게 더없이 좋은 책이 되지 않을까 생각합니다.

- 써드피그스튜디오 김성규 -

@restnam

테디뵈르하우스의 프로젝트에 참여해 공간을 만들면서 상상을 했습니다. 모두에게 좋은 순간을 선물하는 곳이었으면 하고요. 실제로 테디뵈르하우스의 빵은 모두에게 선물이 되었고, 그 선물을 모두가 누릴 수 있도록 책으로 세상에 나왔습니다. 아이들을 위한 홈쿠킹부터 베이커리 브랜드를 준비하는 전문가에게도 오랫동안 함께 할 수 있는 책이라는 생각이 듭니다. 이처럼 사랑과 정성으로 가득 찬 이 선물이 세상 모든 이들에게 전달되었으면 하는 바람입니다.

- 요리사 겸 공간 디렉터 남준영 -

Teddy's Day
테디의 하루

Teddy Beurre House

제과팀

7:00
콘 에그 크루아상,
푸딩 크루아상,
크룽지 마무리 및
슈크림 크림 파이핑

8:00
과일 데니쉬 크루아상,
우유 크림 카스텔라,
단호박 치즈 케이크
크루아상 마무리

9:00
남은 메뉴 마무리
및 지점별 배송

10:00
정리 및
아몬드 크루아상
생산

11:00
점심시간

12:00
크렘 파티시에르,
과일 크레뫼,
초코 크림 생산

13:00
슈 반죽,
슈크림용
크림 생산

오븐팀

7:00 ~ 11:00
도우컨디셔너에 들어간
전 제품 굽기 시작

7:00
반죽 및 데니쉬 크루아상,
프레첼 크루아상,
추로스 크루아상 등 성형

11:00
점심시간

파이팀

8:00
반죽 둥글리기 및
칼집 넣고 밀어서
냉동 휴지

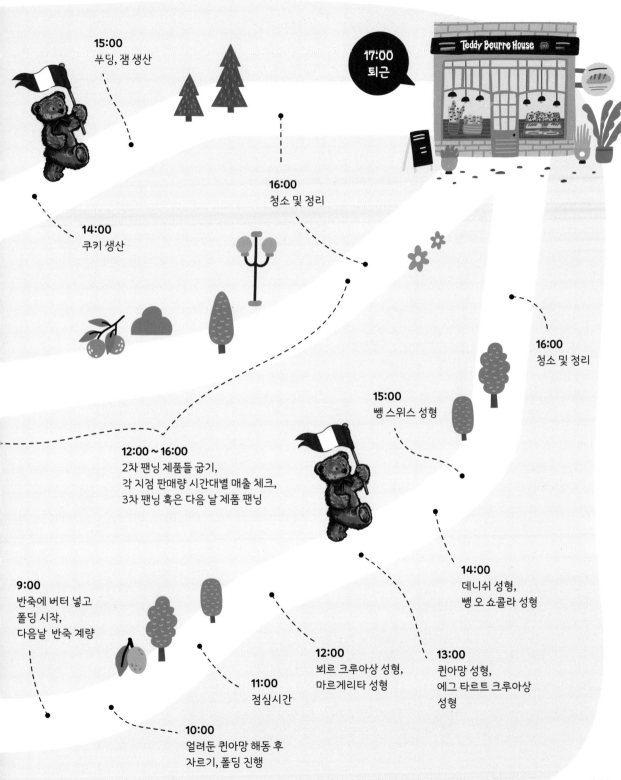

15:00
푸딩, 잼 생산

14:00
쿠키 생산

17:00
퇴근

Teddy Beurre House

16:00
청소 및 정리

16:00
청소 및 정리

15:00
뺑 스위스 성형

12:00 ~ 16:00
2차 팬닝 제품들 굽기,
각 지점 판매량 시간대별 매출 체크,
3차 팬닝 혹은 다음 날 제품 팬닝

14:00
데니쉬 성형,
뺑 오 쇼콜라 성형

9:00
반죽에 버터 넣고
폴딩 시작,
다음날 반죽 계량

12:00
뵈르 크루아상 성형,
마르게리타 성형

13:00
퀸아망 성형,
에그 타르트 크루아상
성형

11:00
점심시간

10:00
얼려둔 퀸아망 해동 후
자르기, 폴딩 진행

CONTENTS

BEFORE BAKING

테디뵈르하우스 비에누아즈리

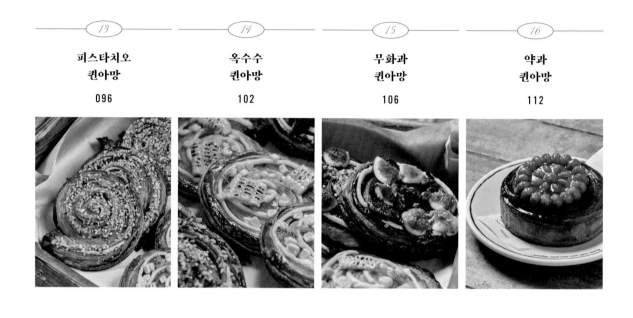

짤반죽(성형 후 남은 반죽)을 활용한 제품 & 팔미에

01	02	03
크롱지 (시나몬, 초코)	앙버터 크롱지	시나몬 롤
176	180	182

04	05
러스크 (허니버터, 초콜릿, 피스타치오, 흑임자)	팔미에
186	190

잼 & 음료

01	02	03	04
과일 잼 (라즈베리, 오렌지 바질, 피스타치오 누텔라, 얼그레이) 198	**피스타치오 크림 라테** 202	**크림 쇼콜라 쇼** 204	**마롱 라테** 206

BEFORE

BAKING

주요 재료

밀가루

그랑 물랑 드 파리 Grands Moulins de Paris T45밀가루

현재 테디뵈르하우스에서 사용 중인 밀가루입니다. 그랑 물랑 드 파리 T45밀가루는 현재 베이크플러스에서 유통하고 있으며, 프랑스에서 100년의 역사를 자랑하는 밀가루입니다.

단백질로 밀가루를 구분하는 한국과 달리 회분의 함량으로 구분하는 프랑스 밀의 특성상 구수한 풍미를 많이 느낄 수 있고 얇고 바삭한 크러스트를 얻을 수 있습니다.

또한 파이롤러 생산 시 안정감 있게 작업할 수 있는 장점이 있지만, 국내에서 제분한 밀가루에 비해 가격이 높은 편이므로 사용하기에 부담스러울 수 있다는 아쉬움도 있습니다.

버터

레스큐어 AOP 버터

레스큐어 AOP 버터는 프랑스의 발효 버터로 우유를 저온살균해 만든 크림을 발효, 숙성한 버터입니다.

테디뵈르하우스의 대표 메뉴인 뵈르 크루아상에 걸맞는 버터를 찾기 위해 수많은 버터를 사용해 테스트를 진행했고, 그 중 풍미와 향이 가장 강력한 레스큐어를 선택하여 사용하고 있습니다.

작업성이 좋은 버터는 엘르앤비르 버터였으며, 가격 면에서는 각각 프로모션 진행에 따라 다르나 앵커가 평균적으로 가장 좋았고 깔끔한 향과 맛은 이즈니, 바삭한 식감은 프레지덩이 제일 좋았습니다.

여러 테스트를 통해 각자의 여건과 취향에 맞는 버터를 찾아 사용하는 것을 추천합니다.

⚜ 테디뵈르하우스에서는 반죽에 들어가는 버터는 레스큐어 롤버터를, 밀어 편 반죽 사이에 들어가는 버터는 레스큐어 판버터를 사용합니다.

설비&기기 구매처
씨앤에스통상 010-3434-1099

소매발주처
비에스유통 010-2299-9881

그외 재료 구매처
베이크플러스, 제원, 선인

퓌레

아다망스(Adamance)

테디뵈르하우스는 잘 익은 과일만을 사용해 설탕과 첨가물 없이 만든 과일 100% 퓌레를 사용하고 있습니다.

아다망스 퓌레는 과일 자체의 맛이 풍부해 제품을 만들었을 때 고급스러운 맛을 느낄 수 있으며, 당도가 정해져 있으므로 항상 일정한 제품을 생산할 수 있습니다.

개량제

에스500키모(퓨라토스)

비발효 냉동생지(UFF : Un Fernented Frozen)용으로 특별히 개발된 제빵 개량제입니다. 해동 후에도 잃지 않는 탄력과 글루텐 막을 강화하고 볼륨, 조직, 냉동 내성, 수분 보유력, 제품의 보존성을 향상시켜 주는 제품입니다.

반죽 냉동 시 생길 수 있는 문제들을 최소화시키기 위한 전용 개량제로 이 책의 레시피에 가장 적합한 개량제입니다.

초콜릿

리퍼블리카 델 카카오 초콜릿(RDC Chocolate)

테디뵈르하우스에서는 대부분의 제품에 RDC초콜릿을 사용하고 있습니다.

초콜릿을 사용하는 제품들에 고급스러운 맛을 주기 위해 선택한 초콜릿으로, 에콰도르 카카오와 페루 카카오를 주로 사용하는 이 제품을 선택했습니다. 이 초콜릿은 적당한 산미와 부드러움을 가지고 있어 초콜릿이 들어가는 제품을 더욱 풍요롭게 만들어 줍니다.

오븐 & 반죽기 & 파이롤러

오븐

반죽을 아무리 잘 만들고 파이롤러로 잘 밀어서 발효를 해도 결국 잘 구워주지 못하면 의미가 없습니다. 오븐은 크게 열 방식에 따라 데크 오븐, 컨벡션 오븐 두 가지로 나눕니다. 각각의 특징과 다양한 제품에 맞는 오븐에 대해 알아보겠습니다.

1. 데크 오븐

데크 오븐의 경우 3단 2매, 1단 4매 등의 단과 매를 선택해 사용합니다.

단은 오븐의 층을 말하여 1~4단까지 업장에 따라 쌓을 수 있을 만큼 쌓아 사용합니다. 매는 한 단에 몇 판이 들어가는지를 말하는데, 2매인 경우 400×600mm 크기의 철판이 2개가 들어간다는 것을 의미합니다.

데크 오븐은 열선을 이용해 윗불과 아랫불을 올려 구워내는 방식입니다. 스팀 기능과 돌판을 추가할 수 있으며, 돌판을 추가하는 경우 열 보존율을 높여 하드 계열의 빵 겉면을 더 바삭하게 만들어줄 수 있습니다. 부드러운 식사빵이나 단과자류 빵을 많이 만드는 경우 돌판을 뺀 데크 오븐을 많이 사용하므로, 하드 계열과 소프트 계열 빵을 같이 작업하는 경우 보통 1단은 돌판을 추가하고 다른 단은 돌판을 빼고 사용하는 경우가 많습니다.

2. 컨벡션 오븐

컨벡션 오븐은 대류 현상을 이용해 빵을 구워냅니다. 반죽 자체의 수분을 날려 겉을 바삭하게 만들어 크루아상이나 파이 같은 제품들의 식감을 더 좋게 만들어줍니다.

보통 5~10매 사이의 오븐이 있는데, 모든 단과 매에 제품을 가득 채워 구울 경우 열전달이 제대로 되지 않아 고르게 구워지지 않을 수 있으므로 적당한 간격을 두고 사용하는 것이 좋습니다.

❖ 테디뵈르하우스의 뵈르 크루아상은 돌판을 추가한 데크 오븐에 굽고 있습니다. 컨벡션 오븐과 데크 오븐 모두 구워져 나온 직후에는 바삭하지만, 돌판을 추가한 데크 오븐에서 구워야 4~6시간이 지난 후에도 바삭하면서 안이 촉촉하게 나오기 때문에 데크 오븐을 고집하고 있습니다. (아몬드 크루아상, 바질 마르게리타 크루아상, 빵 스위스 같은 제품들은 컨벡션 오븐에 구워주며, 피스타치오 퀸아망이나 약과 퀸아망은 데크 오븐에 굽고 있습니다.)

브랜드에 따라 가격과 성능이 천차만별이므로 가지고 있는 예산과 매장의 상황에 맞춰 선택하는 것을 추천합니다. (반드시 가격과 비례하는 것은 아니지만 가격대가 높을수록 열 보존율과 전도율이 좋습니다.)

반죽기

반죽기는 크게 스파이럴 반죽기와 버티컬 반죽기로 나뉩니다.

스파이럴 반죽기는 나선형 모양의 날과 통이 돌아가면서 반죽을 치는데 수분 흡수율에 상관없이 제빵에서 쓰기 좋으며, 버티컬 반죽기보다 글루텐 발전이 빠르고 생산 속도 또한 빠릅니다.

이러한 장점으로 테디뵈르하우스에서도 스파이럴 반죽기를 이용해 대량으로 빠르게 작업해 생산성을 높이고 있습니다.

버티컬 반죽기는 훅, 비터, 휘퍼로 나눠서 쓸 수 있어 제빵뿐만 아니라 제과에서도 사용됩니다. 버티컬은 돌아가는 동시에 볼 벽에 반죽이 치대지면서 글루텐이 잡히며, 반죽의 온도가 쉽게 올라가는 편입니다. 같은 레시피라도 스파이럴 반죽기에 비해 용량이 작아 반죽을 치는 시간이 조금 짧습니다.

대체로 스파이럴 반죽기보다 버티컬 반죽기가 크기가 작고 가격이 저렴하여, 공간 활용과 비용 측면에서는 유리하나 적은 반죽으로 여러 번 작업을 해야 하므로 인건비가 상승하고 피로도가 몰릴 수 있는 단점이 있습니다.

테디뵈르하우스에서는 반죽을 한 번에 최대한 많이 치기 위해 스파이럴 반죽기를 이용하고 있습니다. 공간을 많이 차지하긴 하지만 작업자들의 업무 피로도를 줄이기 위해 선택한 방법입니다.

반죽기 또한 작업 환경과 예산에 맞게 고민한 후 결정하시는 것이 좋습니다.

파이롤러

파이롤러는 밀가루 반죽을 얇게 펴주는 기계로 크루아상이나 타르트, 쿠키 등 다양한 제품을 원하는 두께로 일정하게 밀어 펴주는 기계입니다.

크루아상을 전문으로 하는 가게를 준비하거나 파이롤러를 놓고 싶은데 어떤 파이롤러를 들이는 게 좋을지 고민하는 분들을 위해 지난 11년간 호주와 미국, 일본을 돌아다니며 경험한 파이롤러들을 정리했습니다.

1. 스탠드형 파이롤러

많은 양을 생산하는 대형 업장에 유용한 파이롤러입니다. 넓은 너비로 대량의 작업 시 수월하게 성형이 가능합니다. 하지만 큰 부피로 파이롤러를 놓을 별도의 자리가 필요하며, 브랜드와 기계에 따라 전기사양 또한 체크가 필요합니다. 220v(단상), 380v(3상) 중 어떤 것이 적합한 전류인지 꼭 체크 후 구매해야 하며 필요에 따라 전기 공사를 진행해야 할 수도 있습니다.

브랜드	통옌 (대만)	통옌 (대만)	테크노스타맵 (이태리)	폴린 (이태리)	론도 (스위스)	스파 (대만)
w(너비)	2100	2500	3317	2485	2500	2900
d(폭)	850(520BF)	960(650BF)	1121	1050	1045	1000
h(높이)	1100	1100	1620	1250	1100~1200	1350
벨트	520×1000	630×1200	650×1400	584×1000	640×1665	600×1200
전압	200V/0.4KW	380V/0.75KW	400V/1.5KW	380V/0.75KW	380V/1.1KW	220V/1KW

2. 탁상용 파이롤러

작은 평수의 가게에서 사용하기 적합한 파이롤러입니다. 공간의 제약이 많지 않으며 작업량이 많지 않을 경우 편리하게 사용할 수 있는 장점이 있습니다. 테이블 위에 올려 여유 공간은 생기지만 편리하게 움직일 수 있는 스탠드형과는 다르게 테이블 위에서만 사용 가능하다는 단점도 있습니다.

브랜드	통옌 (대만)	테크노스타맵 (이태리)	폴린 (이태리)	론도 (스위스)	스파 (대만)
w(너비)	1800	1580	1700	1550	1750
d(폭)	760	960	785	1040	900
h(높이)	600	650	630	600~650	700
벨트	430×850	500×750	488×800	475×775	500×750
전압	220V/0.4KW	380V/0.5KW	380V/1KW	380V/0.75KW	220V/0.75KW

스탠드형 파이롤러

탁상용 파이롤러

파이롤러의 종류를 다양하게 비교해보았는데, 여기에서 소개한 제품 뿐 아니라 신맥, 신마이, 포데솔로 등 더 다양한 종류들의 파이롤러들이 있으며 가격대도 중고 300만원부터 신품 2000만원까지 다양하게 있습니다.

파이롤러로 사용한 제품이 전체 제품에서 비중이 얼마나 될지 그리고 하루 생산량이 얼마나 될지에 따라서 스탠드형과 탁상형 중 선택을 하며, 크루아상을 기준으로 100개를 판매한다면 굳이 스탠드형을 구매할 필요는 없습니다.

그 다음으로는 브랜드별 벨트, 폭, 길이를 보는데 길이보다는 폭을 보고 내가 만드는 크루아상의 사이즈를 생각한 후 최대한 생산량이 많이 나올 수 있는 기기를 고릅니다.

가지고 있는 예산이 넉넉하다면 상관이 없겠지만 그렇지 않은 경우라면 저렴한 브랜드를 고르는 것을 추천합니다.

파이롤러 청소 및 관리법

영상으로 보기

파이롤러 청소는 위생적인 이유는 물론 기계의 잔고장을 방지하기 위해서도 매우 중요한 작업입니다. 아래의 설명과 영상을 참고해 파이롤러를 청소해줍니다.

❶ 파이롤러가 돌아가는 상태에서 스크래퍼를 이용해 천에 묻은 반죽이나 가루들을 깔끔하게 긁어줍니다.
   ✓ 이때 반대편도 동일하게 작업합니다.

❷ 파이롤러 중앙의 부품들을 분해합니다.

❸ 젖은 행주로 중앙에 있는 롤러 전면을 깨끗하게 닦아줍니다.

❹ 파이롤러 날개를 들어올려 판에 떨어져 있는 이물질들을 제거한 후 다시 파이롤러를 펴줍니다.

❺ 에어 컴프레셔를 이용해 파이롤러 바닥, 롤러 사이사이에 남아 있는 가루들을 깔끔하게 제거합니다.
   ✓ 실제로 파이롤러를 사용하다가 부품이 깨진 적이 있어 파이롤러 회사에 문의해본 적이 있습니다.
   이때 들은 답변대로 롤러 주변을 에어 컴프레셔로 청소를 하기 시작한 후로는 부품이 깨진 적도 없고,
   롤러가 부드럽게 돌아가 작업도 더 수월해졌습니다.

❻ 파이롤러를 펴둔 상태로 보관하면 천이 늘어나고, 천 교체 시기가 앞당겨지므로 사용하지 않을 때는 접어두는 것이 좋습니다.

❼ 세척한 부품들은 완전히 마르면 다시 조립해 사용합니다.

- 이 책에서 기본이 되는 반죽(28p 뵈르 크루아상 반죽, 34p 바질 크루아상 반죽)은 크루아상 약 20~25개가 완성되는 배합이며, 책에 설명된 대로 사용하는 반죽기에 따라 3배합, 4배합으로 늘려 작업할 수 있습니다.
  → 만약 가정에서 손반죽으로 소량 작업하기를 원한다면 1/2 배합으로 줄이고, 파이롤러와 동일한 방식으로 작업하면 됩니다.

- 기본 반죽 이외의 베리에이션 레시피(42p 이후)는 약 10~12개의 제품으로 완성되는 배합입니다.
  → 만약 업장에서 대량으로 작업하기를 원한다면 원하는 배합만큼 늘려 작업하면 됩니다.

테디뵈르하우스
비에누아즈리

Beurre Croissant Dough

뵈르 크루아상 반죽

 *Ingredients*

데프랑트(반죽)

(크루아상 약 20~25개 분량)

T45밀가루	800g
버터	86g
묵은 반죽	150g
설탕	64g
개량제	16g
탈지분유	16g
소금	17g
물(3℃ 이하)	400g
세미드라이이스트(골드)	19g
총	**1568g**

충전용 버터

판버터	500g

◆ 본 배합은 스파 탁상용 반죽기
기준입니다. 14인치 버티컬 반죽기는
3배합으로, 25kg 스파이럴 반죽기는
4배합으로 늘려 작업합니다.

How to Make

1. 믹싱볼에 T45밀가루, 버터, 묵은 반죽, 설탕, 개량제, 탈지분유를 넣고 버터와
    가루가 고르게 섞일 때까지 믹싱합니다.

    point 가정용 소형 반죽기로 작업하는 경우 버터의 크기가 좁쌀만해질 때까지 작업합니다.
    업장용 대형 반죽기로 작업하는 경우에는 버터에 밀가루가 고르게 묻을 때까지 작업합니다.

2. 소금을 넣고 고르게 섞은 후 물과 이스트를 넣어 믹싱합니다.

    point 이스트는 물 일부와 섞어 잘 저어 녹인 후 사용합니다. 남은 물은 얼음을 가득 넣고
    온도를 3℃ 이하로 맞춰 사용합니다.

3. 완성된 반죽은 힘이 있으나 살짝 말랑한 상태입니다.
    글루텐이 생기기 직전 최종 온도 18℃를 넘기지 않게 반죽을 완료합니다.

    point 반죽이 매끄럽지 않고 한 덩어리로 뭉쳐진 거친 상태로 완료합니다.

데프랑트

4

5

6

7

4. 완성된 반죽을 둥글리기합니다.

5. 반죽 윗면에 열십자로 칼집을 냅니다.

6. 칼집을 낸 곳을 손으로 눌러 약 40 × 30cm 크기의 직사각형으로 만듭니다.

7. 비닐에 싸 냉동실에서 약 30분 ~ 1시간 휴지시켜줍니다.

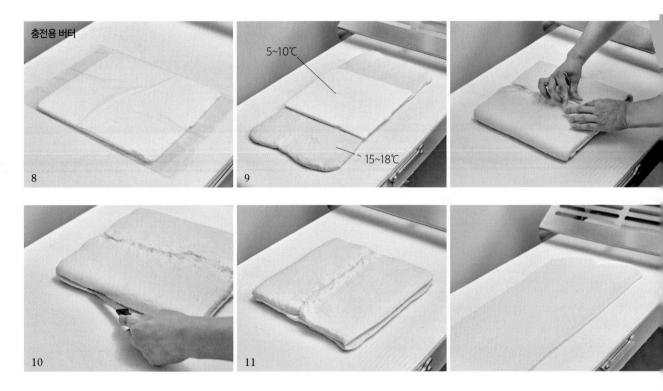

충전용 버터

5~10℃

~ 15~18℃

8

9

10

11

8. 반죽을 휴지시키는 동안 충전용 버터를 반죽 속에 들어갈 정도의 크기 (약 46 × 30cm)로 만들어 30분간 냉장고에 보관합니다.

9. 버터와 반죽의 되기가 비슷해지면 반죽에 버터를 올리고 양옆을 접어 감싼 후 이음매를 고정시켜줍니다.

10. 접힌 반죽 양옆을 칼로 잘라줍니다.

11. 반죽을 90°로 돌려 8mm 두께로 밀어 폅니다.

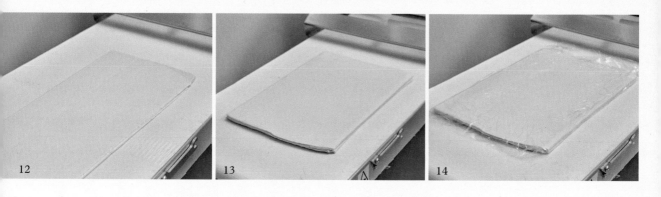

12   13   14

12. 4절로 접고 반죽 양옆을 칼로 자른 후 90°로 돌려 8mm 두께로 밀어 폅니다.
(4절 1회)

13. 3절로 접고 반죽 양옆을 칼로 자른 후 90°로 돌려 8mm 두께로 밀어 폅니다.
(3절 1회)

14. 비닐을 덮고 냉동실에 넣어 힘 있는 상태가 될 때까지 휴지시켜줍니다.

point 얼어 있지 않고 들었을 때 휘어짐은 심하지 않은, 밀어 펴기 좋은 상태가 될 때까지
냉동실에 넣어둔 후 다음 작업을 이어나갑니다. (반죽 상태 체크 필수)

◆ 이후의 공정은 각 메뉴의 레시피를 참고해 작업합니다.

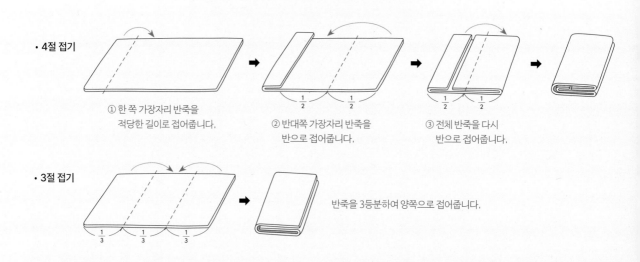

• 4절 접기

① 한 쪽 가장자리 반죽을
적당한 길이로 접어줍니다.

② 반대쪽 가장자리 반죽을
반으로 접어줍니다.

③ 전체 반죽을 다시
반으로 접어줍니다.

• 3절 접기

반죽을 3등분하여 양쪽으로 접어줍니다.

크루아상 작업 시 알아두어야 할 사항

● 묵은 반죽

테디뵈르하우스에서는 더 깊은 풍미와 맛을 위해 본반죽에 묵은 반죽을 추가해 작업하고 있습니다. 저희는 뵈르 크루아상 반죽을 만들 때 버터와 반죽이 제대로 폴딩이 되지 않은 모서리 부분이나 쓰고 남은 여분의 반죽을 모아두었다가 다음 날 본반죽에 넣어 사용하고 있습니다. 묵은 반죽은 비닐봉지나 밀폐 용기에 넣어 냉장고에 보관해 다음 날 사용하며, 남은 것은 그 다음 날 다시 사용하지 않고 폐기하는 것을 추천합니다. 테디뵈르하우스에서는 묵은 반죽을 반죽 총량의 최대 30%까지 사용하고 있으며, 20% 정도로 사용하는 것을 가장 추천드립니다. 묵은 반죽이 없다면 생략하고 작업해도 상관은 없으나 테디뵈르하우스 뵈르 크루아상의 맛을 구현하고 싶다면 넣는 것을 추천합니다.

묵은 반죽

● 버터와 반죽의 상태

크루아상의 결을 만들기 위해서는 버터의 상태와 반죽의 상태 체크가 중요합니다.

버터 상태에 따라 결과물에서 큰 차이를 보여주는데요

테디뵈르하우스에서는 평균적으로 버터의 온도는 5~10℃ 사이를 유지하며, 반죽은 15~18℃ 정도에서 작업을 하고 있습니다.

반죽으로 버터를 감쌀 때 버터는 너무 단단하지 않고, 손가락에 힘을 주어 눌렀을 때 살짝 모양이 나는 정도가 제일 좋습니다.

반죽과 버터의 온도

완성된 반죽을 냉동 휴지시킨 후의
반죽 온도

버터의 온도가 높을 경우	반죽 속에 들어가는 버터의 온도가 높을 경우 밀어 펴는 과정에서 버터가 녹으며 반죽에 흡수되고 결과적으로 결을 형성하지 못하게 되며, 식빵과 같이 조밀한 내상으로 완성됩니다.
버터의 온도가 낮을 경우	버터의 온도가 너무 낮아 버터가 얼어버린 경우 밀어 펴기 과정에서 버터가 깨지기 시작합니다. 고르게 펼쳐지지 않고 조각나 퍼져버린 버터 때문에 발효 시 버터가 새어 나올 수 있고, 이로 인해 내상이 고르지 않고 한쪽으로 제품이 기울어져 나올 수도 있습니다. 크루아상의 식감 또한 떡진 상태로 완성될 수 있습니다.

Basil Croissant Dough 바질 크루아상 반죽

♣ 뵈르 크루아상에서 바질 페스토가 추가되고 물의 양이 줄어든 배합으로, 작업 방식은 동일합니다.

데프랑트(반죽) (크루아상 약 20~25개 분량)

T45밀가루	800g
버터	86g
묵은 반죽	150g
설탕	64g
개량제	16g
탈지분유	16g
소금	17g
바질 페스토	50g
물(3℃ 이하)	350g
세미드라이이스트(골드)	19g
총	**1568g**

충전용 버터

판버터	500g

◆ 기존 뵈르 크루아상 배합에서 바질 페스토만 추가되면 반죽이 질어지므로 물의 양을 줄인 배합입니다. 만약 이 배합으로도 반죽이 질다면 버터 86g을 50g으로 줄여 작업하는 것을 추천합니다. (사용하는 반죽기나 계절, 한 번에 작업하는 양에 따라 결과물은 달라질 수 있습니다.)

◆ 본 배합은 스파 탁상용 반죽기 기준입니다. 14인치 버티컬 반죽기는 3배합으로, 25kg 스파이럴 반죽기는 4배합으로 늘려 작업합니다.

How to Make

1. 믹싱볼에 T45밀가루, 버터, 묵은 반죽, 설탕, 개량제, 탈지분유를 넣고 버터와 가루가 고르게 섞일 때까지 믹싱합니다.

   point 가정용 소형 반죽기로 작업하는 경우 버터의 크기가 좁쌀만해질 때까지 작업합니다. 업장용 대형 반죽기로 작업하는 경우에는 버터에 밀가루가 고르게 묻을 때까지 작업합니다.

2. 소금과 바질 페스토를 넣고 고르게 섞은 후 물과 이스트를 넣어 믹싱합니다.

   point 이스트는 물 일부와 섞어 잘 저어 녹인 후 사용합니다. 남은 물은 얼음을 가득 넣고 온도를 3℃ 이하로 맞춰 사용합니다.

3. 완성된 반죽은 힘이 있으나 살짝 말랑한 상태입니다. 글루텐이 생기기 직전 최종 온도 18℃를 넘기지 않게 반죽을 완료합니다.

   point 반죽이 매끄럽지 않고 한 덩어리로 뭉쳐진 거친 상태로 완료합니다.

4. 완성된 반죽을 둥글리기합니다.

5. 반죽 윗면에 열십자로 칼집을 냅니다.

6. 칼집을 낸 곳을 손으로 눌러 약 40 × 30cm 크기의 직사각형으로 만듭니다.

7. 비닐에 싸 냉동실에서 약 30분에서 1시간 휴지시켜줍니다.

8. 반죽을 휴지시키는 동안 충전용 버터를 반죽 속에 들어갈 정도의 크기 (약 46 × 30cm)로 만들어 30분간 냉장고에 보관합니다.

9. 버터와 반죽의 되기가 비슷해지면 반죽에 버터를 올리고 양옆을 접어 감싸줍니다.

10. 접힌 반죽 양옆을 칼로 잘라줍니다.

11. 반죽을 90°로 돌려 8mm 두께로 밀어 펍니다.

12. 4절로 접고 반죽 양옆을 칼로 자른 후 90°로 돌려 8mm 두께로 밀어 펍니다. (4절 1회)

13. 3절로 접고 반죽 양옆을 칼로 자른 후 90°로 돌려 8mm 두께로 밀어 펍니다. (3절 1회)

14. 비닐을 덮고 냉동실에 넣어 힘 있는 상태가 될 때까지 휴지시켜줍니다.

   point 이때, 얼지 않고 힘 있는 반죽 상태가 될 때까지 냉동실에 넣어둡니다. (상태 체크 필수)

Beurre Croissant

뵈르 크루아상

기본 베이스가 되는 레시피인 만큼 여러 종류의 버터를 사용하여
다양한 방식으로 테스트한 후 완성된 테디뵈르하우스의 대표 메뉴 '뵈르 크루아상'입니다.
고급스러운 버터의 향을 풍부하게 느낄 수 있는 것이 특징입니다.

크루아상 약 20~25개 분량

반죽	휴지를 마친 뵈르 크루아상 반죽(32p) 2068g
시럽	냄비에 물과 설탕(1:1비율)을 넣고 약 102℃까지 끓인 후 식혀 사용합니다.

How to Make

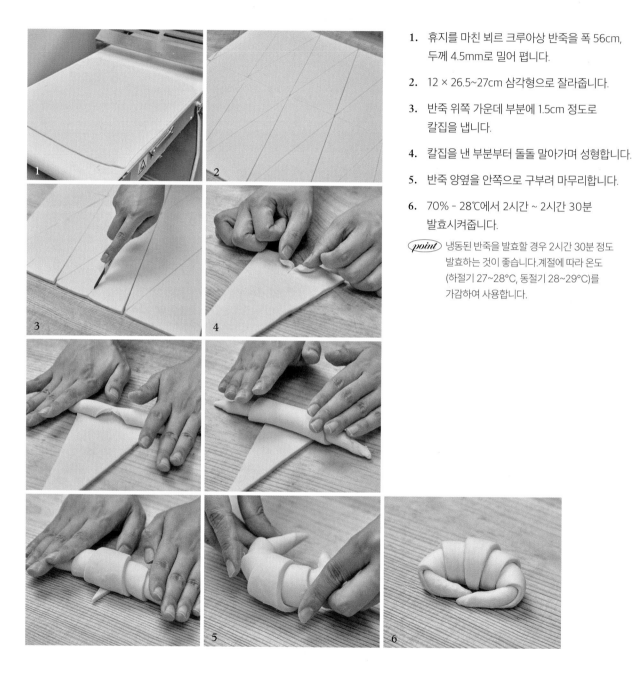

1. 휴지를 마친 뵈르 크루아상 반죽을 폭 56cm, 두께 4.5mm로 밀어 펍니다.

2. 12 × 26.5~27cm 삼각형으로 잘라줍니다.

3. 반죽 위쪽 가운데 부분에 1.5cm 정도로 칼집을 냅니다.

4. 칼집을 낸 부분부터 돌돌 말아가며 성형합니다.

5. 반죽 양옆을 안쪽으로 구부려 마무리합니다.

6. 70% - 28℃에서 2시간 ~ 2시간 30분 발효시켜줍니다.

point 냉동된 반죽을 발효할 경우 2시간 30분 정도 발효하는 것이 좋습니다.계절에 따라 온도 (하절기 27~28℃, 동절기 28~29℃)를 가감하여 사용합니다.

7. 데크 오븐 기준 윗불 210℃, 아랫불 190℃에서 19~22분간 구워줍니다.

point 컨벡션 오븐의 경우 190℃로 예열된 오븐에서 18~19분간 구워줍니다.

8. 구워져 나오자마자 시럽을 발라줍니다.

● 기본 크루아상 성형

반죽 양옆을 구부리지 않고 끝부분만 고정시켜 마무리하면 기본 크루아상 모양으로 완성됩니다.

테디뵈르하우스의 아몬드 크루아상, 이스파한 크루아상, 잠봉 크루아상, 콘 에그 크루아상은 기본 크루아상 모양으로 성형하고 있습니다.

● 발효 후의 크루아상 & 냉동 보관 및 사용

발효 후의 크루아상은 겹겹의 결이 확연히 보이기 시작하고, 군데군데 벌어지는 결도 잘 보입니다. 발효 전과 비교했을 때 반죽의 크기는 약 2~2.5배까지 커집니다.

팬닝된 상태로 철판을 흔들었을 때 반죽이 약간 출렁거리며, 반죽 속 버터는 새어나오지 않아야 좋은 상태입니다.

성형한 반죽을 냉동 보관할 경우 -18℃의 냉동고에서 3~5일간 보관하며 사용할 수 있습니다. 냉동 상태의 반죽은 약 2배로 커질 때까지 실온에서 해동 및 발효를 거친 후 구워줍니다.

(냉동고에서 반죽을 보관하는 일수에 따라 발효 후의 크기는 차이가 나는데, 냉동 보관일이 길어질수록 발효 후의 크기는 작아집니다.)

발효 전

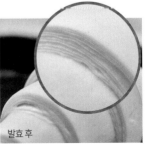
발효 후

테디뵈르하우스의 모든 제품에 기본이 되는 뵈르 크루아상은
국내에서 유통되는 여러 가지 버터를 다양한 방법으로 테스트해보고 완성된 레시피입니다.
한입 베어 무는 순간 느껴지는 풍부한 버터의 향, 그리고 겉은 바삭하고
속은 부드러우면서도 쫄깃한 식감을 자랑하는 테디뵈르하우스 NO.1 베스트셀러입니다.

Almond Croissant

아몬드 크루아상

파티시에 일을 처음 시작했을 때 일하는 시간은 많고 급여는 적어 금전적으로 힘든 시기였습니다. 하지만 아몬드 크루아상만큼은 포기할 수 없어 일했던 가게에서 직접 돈을 내고 사먹었던 유일한 메뉴였습니다. 그곳의 아몬드 크루아상은 오렌지 잼이 듬뿍 발라져 있었는데, 아몬드의 고소함과 오렌지의 상큼함이 참 조화로웠습니다. 10년이 지난 지금, 과거의 기억과 경험과 열정을 담아 테디뵈르하우스에서만 맛볼 수 있는 아몬드 크루아상으로 개발했습니다.

크루아상 약 10개 분량

구운 뵈르 크루아상(39p)	10개
아몬드 크림 (개당 60g)	버터 300g, 설탕 225g, 달걀 210g, 노른자 90g 아몬드파우더 330g, 아몬드 리큐르(디종 아마레또) 75g
아마레또 시럽	물 750g, 설탕 750g, 아몬드 리큐르(디종 아마레또) 100g
	◆ 냄비에 물과 설탕을 넣고 약 102℃까지 끓인 후 아몬드 리큐르를 넣고 식혀 사용합니다. 　(크루아상의 양에 맞춰 배합을 조절합니다.)
기타	백아몬드 슬라이스 적당량

아몬드 크림

1. 믹싱볼에 포마드 상태의 버터를 넣고 가볍게 믹싱합니다.

   point 버터는 실온에 미리 꺼내두어 손가락으로 눌렀을 때 잘 들어가는 정도가 되면 사용합니다.

2. 설탕을 넣고 골고루 섞일 때까지 믹싱합니다.

3. 실온 상태의 달걀과 노른자를 3번 나눠 넣어가며 믹싱합니다.

4. 아몬드파우더를 2번 나눠 넣어가며 믹싱합니다.

5. 아마레또를 넣고 믹싱합니다.

마무리

1. 크루아상을 반으로 자른 후 아마레또 시럽을
   두 번씩 발라줍니다.

   point 한 번만 바르면 뻑뻑한 느낌이고 세 번 바르면
   축축한 느낌이므로 두 번 정도만 바르는 것이
   좋습니다.

2. 반으로 자른 크루아상 아래쪽에 아몬드
   크림을 파이핑합니다.

   point 모양깍지(897번)처럼 크림이 넓적하게
   파이핑되는 깍지를 사용하는 것이 좋습니다.

3. 크루아상을 덮어줍니다.

4. 크루아상 윗면에 아몬드 크림을 파이핑합니다.

5. 백아몬드 슬라이스가 골고루 묻을 수 있도록
   파이핑한 아몬드 크림을 골고루 펼쳐줍니다.

6. 로스팅한 백아몬드 슬라이스를 듬뿍
   묻혀줍니다.

7. 데크 오븐 기준 윗불 170℃, 아랫불 170℃에서
   28~29분간 구워줍니다.

   point 컨벡션 오븐의 경우 150℃로 예열된 오븐에서
   28~29분간 구워줍니다.

8. 구워져 나온 직후 아마레또 시럽을
   발라줍니다.

Esfahan Croissant

이스파한 크루아상

일본에 방문했을 때 피에르 에르메 셰프의 이스파한 크루아상을 처음으로 접하고
그 기억을 떠올리며 한국에서 구현해낸 크루아상입니다. 장미와 리치 라즈베리의 조화를 잘 느낄 수 있는
레시피를 개발했고, 생산성을 높이기 위해 마지팬 & 잼 바는 냉동이 가능하게 레시피를 만들었습니다.
장미 특유의 향은 과하지 않고 은은하지만 풍부하게 느껴지는 것이 특징입니다.

크루아상 약 10개 분량

반죽	데프랑트 784g + 충전용 버터 250g으로 접기와 냉동 휴지까지 마친 뵈르 크루아상 반죽
로즈 마지팬	설탕 100g, 아몬드파우더 100g, 물 10g, 흰자 10g, 장미 에센스(SOSA) 6g
리치 라즈베리 잼	냉동 라즈베리(홀) 144g, 리치로즈베리 퓌레 57g 설탕 21g, NH펙틴 2g, 레몬즙 5g
리치로즈베리 글레이즈 (개당 40g)	리치로즈베리 퓌레 50g, 슈거파우더 325g, 물 25g
시럽	냄비에 물과 설탕(1:1비율)을 넣고 약 102℃까지 끓인 후 식혀 사용합니다.
기타	라즈베리 크리스피(SOSA) 적당량

로즈 마지팬

1. 볼에 설탕, 아몬드파우더를 넣고 고르게 섞어줍니다.

2. 물, 흰자, 장미 에센스를 넣고 골고루 섞어줍니다.

3. 테프론시트를 깐 철판 위에 18cm 정사각 무스 링을 올리고 그 안에 로즈 마지팬을 넣고 평평하게 폅니다.

4. 두께 약 5mm로 평평하게 편 후 냉동실에 넣어 얼립니다.

리치 라즈베리 잼

1. 냄비에 냉동 라즈베리, 리치로즈베리 퓌레를 넣고 가열합니다.

2. 50℃가 되면 미리 섞어둔 설탕과 NH펙틴을 세 번 나눠 넣어가며 휘퍼로 저어가며 1분 정도 가열합니다.

3. 불을 끄고 레몬즙을 넣고 섞어줍니다.

4. 완성된 잼은 주걱으로 들어 올렸을 때 되직하게 떨어지는 상태입니다.

마지팬 & 잼 바 완성

5. 로즈 마지팬이 담긴 틀에 전량 부어줍니다.

6. 평평하게 펴 냉동실에서 완전히 얼린 후 1.5×6cm로 잘라 사용합니다.

리치로즈베리 글레이즈

1. 볼에 리치로즈베리 퓌레, 슈거파우더를 넣고 섞어줍니다.

point 리치로즈베리 퓌레는 냉장고에 두고 하루 정도 충분히 해동한 후 사용합니다.

2. 되기를 조절해가며 물을 추가해 매끈한 상태로 마무리합니다.

point 글레이즈는 사용하기 직전에 작업합니다.

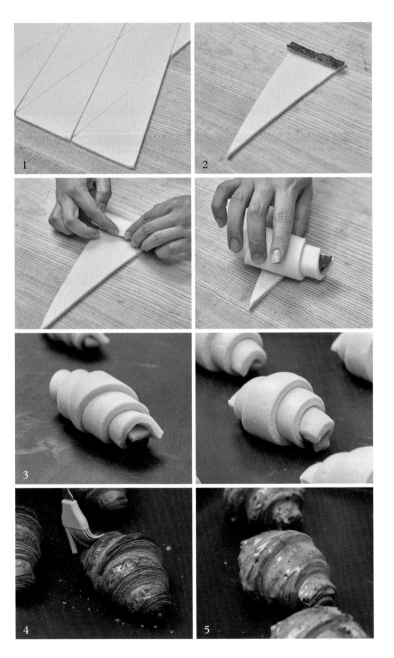

성형 & 마무리

1. 휴지를 마친 뵈르 크루아상 반죽을 폭 60cm, 두께 4.5mm로 밀어 편 후 12×26cm 삼각형 모양으로 자릅니다.

   point 두께와 폭은 사용하는 파이롤러에 따라 달라질 수 있습니다 여기에서 사용한 '폴린(POLIN)' 파이롤러의 경우 폭 약 60cm, 두께 약 4.5mm 로 작업했습니다.

2. 반죽에 마지팬 & 잼 바를 올린 후 말아줍니다.

3. 철판에 올려 70%-28℃에서 2시간 30분 정도 발효시킨 후 데크 오븐 기준 윗불 210℃, 아랫불 190℃에서 19~22분간 구워줍니다.

   point 컨벡션 오븐의 경우 190℃로 예열된 오븐에서 18~19분간 구워줍니다.

4. 구워져나온 직후 시럽을 발라줍니다.

5. 리치로즈베리 글레이즈를 코팅하고 라즈베리 크리스피를 뿌린 후 실온에 5~10분 두어 말려줍니다.

   point 글레이즈를 얇게 코팅하는 경우 실온에 두고 말려도 충분하지만, 두껍게 코팅된 경우에는 100℃ 오븐에서 약 1분간 말려주는 것이 좋습니다.

Milk Cream
Castella

우유 크림 카스텔라

테디뵈르하우스 & 쌤쌤쌤의 수장 김훈 대표의 특별 요청으로 만들어진 메뉴입니다.
레스큐어 크림을 사용해 진한 우유의 맛이 느껴지도록 했고,
카스텔라 가루를 듬뿍 묻혀 남녀노소 누구나 좋아할 맛으로 완성시킨 메뉴입니다.

크루아상 약 10개 분량

구운 뵈르 크루아상(39p)	10개
우유 크림 (개당 충전 100g, 바르기 25g)	동물성 휘핑크림(레스큐어) 1000g, 마스카르포네(밀라) 72g 탈지분유 50g, 설탕 110g
기타	카스텔라 가루 적당량

우유 크림

1. 믹싱 볼에 모든 재료를 넣고 휘핑합니다.

   point 휘핑크림에 탈지분유를 넣고 방치하면
   덩어리지므로 작업하기 직전에 넣고
   바로 섞어줍니다.

2. 80% 정도로 휘핑되면 마무리합니다.

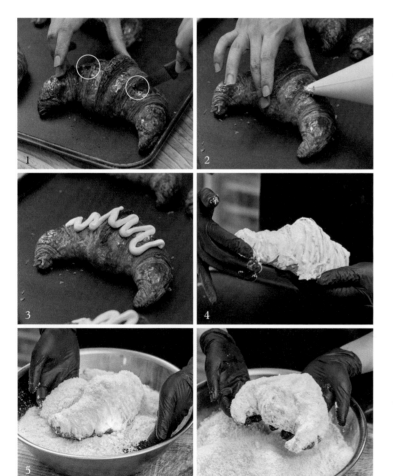

마무리

1. 구운 후 시럽까지 바른 뵈르 크루아상 양쪽에
   칼로 구멍을 냅니다.

2. 구멍낸 두 곳에 우유 크림을 가득 채워줍니다.
   (약 100g)

3. 뵈르 크루아상 윗면에 우유 크림을 소량
   파이핑합니다.

4. 우유 크림이 골고루 묻을 수 있도록 펼쳐줍니다.

5. 카스텔라 가루를 듬뿍 묻혀줍니다.

   point 시판 카스텔라 가루를 갈아 사용하거나
   제누아즈를 얼린 후 갈아 사용해도 됩니다.

Jambon Croissant

잠봉 크루아상

쎔쎔쎔×테디뵈르하우스의 콜라보 메뉴입니다.
쎔쎔쎔의 수제 잠봉을 사용해 식사 대용으로 먹기에 손색이 없으며
잠봉과 치즈의 조화가 매력적인 제품입니다.

크루아상 약 10개 분량

반죽   데프랑트 784g + 충전용 버터 250g으로
접기와 냉동 휴지까지 마친 뵈르 크루아상 반죽

시럽   냄비에 물과 설탕(1:1비율)을 넣고 약 102℃까지 끓인 후 식혀 사용합니다.

기타   통후추 갈은 것 적당량, 잠봉 10장, 에멘탈 슬라이스 치즈 3장
그라나파다노 적당량, 체더 치즈 적당량

1. 휴지를 마친 뵈르 크루아상 반죽을
   두께 4mm로 밀어 펴 12 × 27cm 삼각형으로
   잘라줍니다.

2. 반죽 위에 통후추를 갈아 뿌려줍니다.

3. 잠봉을 넓게 펼쳐 올려줍니다.

4. 에멘탈 슬라이스 치즈를 1/3 조각
   올려줍니다.

5. 돌돌 말아줍니다.

6. 70%-28℃에서 2시간 30분 정도
   발효시켜줍니다.

7. 데크 오븐 기준 윗불 200℃, 아랫불 180℃에서
   20~24분간 구워줍니다.

   point 컨벡션 오븐의 경우 190℃로 예열된 오븐에서
   20~24분간 구워줍니다.

8. 시럽을 발라 한 김 식힌 뒤, 그라나파다노와
   체더 치즈를 갈아 올려 마무리합니다.

Choco
Crookie

초코 크루키

프랑스 SNS에서 시작된 크루아상+쿠키가 합쳐진 제품입니다.
순식간에 한국을 강타해 현재 가장 유행하고 있는 크루아상 제품 중 하나로,
테디뵈르하우스에서도 트렌드에 맞춰 만들어본 제품입니다.
자칫 너무 묵직하게 느껴질 수 있는 제품의 특성을 보완하고
우리만의 스타일로 더 맛있게 만들기 위해 초코 크림을 넣어 부드럽게 완성한 메뉴입니다.

크루키 10개 분량

구운 뵈르 크루아상(39p)	10개
초코 쿠키 반죽 (개당 50g)	버터 150g, 무스코바도 150g, 달걀 80g 박력분 230g, 베이킹파우더 3g, 다크 청크 초코칩 180g
초코 크림 (개당 60g)	동물성 휘핑크림(레스큐어) 204g, 우유 204g, 노른자 109g 설탕 75g, 다크초콜릿(RDC 블랜드 에콰도르 페루 70%) 175g
기타	다크초콜릿(RDC 블랜드 에콰도르 페루 70%) 60알, 데코스노우 적당량

초코 쿠키 반죽

1. 볼에 포마드 상태의 버터와 무스코바도를 넣고 믹싱합니다.

2. 실온 상태의 달걀을 3번에 나눠 넣어가며 믹싱합니다.

3. 체 친 박력분, 베이킹파우더를 넣고 가루가 보이지 않을 정도로 가볍게 섞어줍니다.

4. 다크 청크 초코칩을 넣고 반죽을 가볍게 섞어줍니다.

5. 완성된 반죽은 50g씩 분할해 사용합니다.

초코 크림

1. 냄비에 다크초콜릿을 제외한 모든 재료를 넣고 80℃까지 끓여줍니다.

   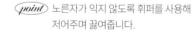 *point* 노른자가 익지 않도록 휘퍼를 사용해 저어주며 끓여줍니다.

2. 다크초콜릿을 넣고 완전히 녹여줍니다.

3. 통에 옮겨 담은 후, 밀착 랩핑해 냉장고에 보관합니다.

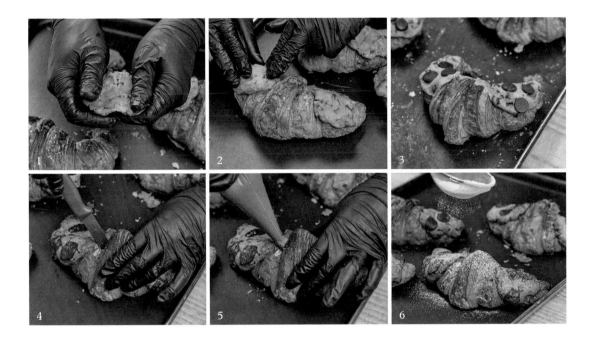

마무리

1. 50g으로 분할한 쿠키 반죽을 절반으로 나눠 얇게 펼쳐줍니다.

2. 크루아상 양 끝에 분할한 쿠키 반죽을 올려줍니다.

3. 쿠키 반죽 위에 다크초콜릿을 3개씩 올리고 고정시켜줍니다.

4. 컨벡션 오븐 기준 170℃로 예열된 오븐에서 약 13분간 구워 충분히 식힌 후, 크루아상 양쪽에 칼로 구멍을 냅니다.

5. 구멍낸 두 곳에 초코 크림을 가득 채워줍니다. (약 60g)

6. 윗면에 전체적으로 데코스노우를 뿌려줍니다.

Corn Egg Croissant

콘 에그 크루아상

테디뵈르하우스 제품의 90% 이상의 제품이 단맛으로 이루어져 있는데,
그중 몇 안 되는 식사 대용 메뉴입니다.
콘치즈에 달걀을 넣어 한 끼 식사로 손색없이 즐길 수 있는,
옥수수의 고소함과 달걀의 조화가 돋보이는 제품입니다.

크루아상 약 10개 분량

구운 뵈르 크루아상(39p)	10개
옥수수 충전물 (개당 60g)	스위트콘(통조림) 410g, 마요네즈 103g, 슈레드 치즈 44g 연유 24g, 디종 머스터드 17g, 소금 4g
기타	달걀 10개, 마요네즈 적당량, 후추 적당량, 파슬리 가루 적당량

옥수수 충전물

1. 스위트콘을 체에 걸러 물기를 제거합니다.

2. 큰 볼에 모든 재료를 넣고 고르게 섞어줍니다.

3. 바믹서로 옥수수의 입자감이 느껴질 정도로 절반 정도만 갈아줍니다.

마무리

1. 뵈르 크루아상 윗면을 잘라줍니다.

2. 잘라진 안쪽 면은 가위를 이용해 파냅니다.

3. 옥수수 충전물을 채워줍니다. (약 60g)

4. 미니 주걱으로 고르게 펼쳐줍니다.

5. 달걀 한 알을 넣습니다.

6. 가장자리에 마요네즈를 한 바퀴 둘러줍니다.

7. 달걀 위에 후추를 뿌린 후 데크 오븐 기준 윗불 150℃, 아랫불 140℃에서 30분간 구워줍니다.

   point 컨벡션 오븐의 경우 150℃로 예열된 오븐에서 30분간 구워줍니다.

8. 파슬리 가루를 뿌려 마무리합니다.

Basil Croissant

바질 크루아상

수프와 함께 먹을 수 있는 메뉴를 고민하던 중 바질을 떠올렸고
반죽에 바질 페스토를 사용해 색과, 맛을 잡아 향긋하게 완성한 제품입니다.
빵을 살짝 뜯어 양송이 수프와 곁들여 먹으면 더욱 맛있게 즐길 수 있습니다.

크루아상 약 20~25개 분량

반죽   휴지를 마친 바질 크루아상 반죽(35p) 2068g

시럽   냄비에 물과 설탕(1:1비율)을 넣고 약 102℃까지 끓인 후
식혀 사용합니다.

기타   파슬리 가루 적당량

1. 휴지를 마친 바질 크루아상 반죽을 폭 56cm, 두께 4.5mm로 밀어 펍니다.

2. 12 × 26.5~27cm 삼각형으로 잘라줍니다.

3. 반죽 위쪽 가운데 부분에 1.5cm 정도로 칼집을 냅니다.

4. 칼집을 낸 부분부터 돌돌 말아가며 성형합니다.

5. 반죽 양옆을 안쪽으로 구부려 마무리합니다.

6. 70% - 28℃에서 2시간 ~ 2시간 30분간 발효시켜줍니다.

   point 냉동된 반죽을 발효할 경우 2시간 30분 정도 발효하는 것이 좋습니다.
   계절에 따라 온도(하절기 27~28℃, 동절기 28~29℃)를 가감하여 사용합니다.

7. 데크 오븐 기준 윗불 210℃, 아랫불 190℃에서 19~22분간 구워줍니다.

   point 컨벡션 오븐의 경우 190℃로 예열된 오븐에서 18~19분간 구워줍니다.

8. 구워져 나오자마자 시럽을 발라준 후 파슬리 가루를 뿌려 마무리합니다.

Basil Margherita Croissant

바질 마르게리타 크루아상

마르게리타 피자를 생각하며 만든 제품으로,
수프와 함께 즐겨도 맛있고 샌드위치로 먹어도 맛있습니다.
피자 도우와 달리 바삭한 식감을 가지므로, 피자와는 또 다른 매력을 느낄 수 있는 메뉴입니다.

크루아상 약 10개 분량

반죽	지름 10cm 원형으로 자른 바질 크루아상 반죽 10개
시럽	냄비에 물과 설탕(1:1비율)을 넣고 약 102℃까지 끓인 후 식혀 사용합니다.
기타	피자 소스(롯데 델가) 50g, 슬라이스한 토마토 10개 바질 페스토 30g, 생 모차렐라 치즈 적당량, 바질 적당량 발사믹 소스 적당량

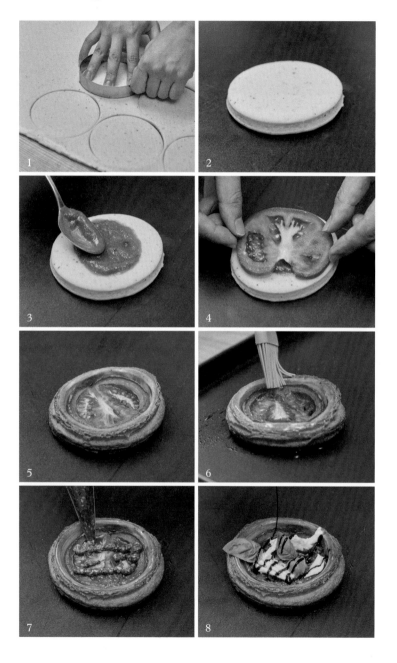

성형 & 마무리

1. 휴지를 마친 바질 크루아상 반죽을 폭 55cm, 두께 6mm로 밀어 편 후 지름 10cm 원형 무스 링으로 자릅니다.

2. 70%-28℃에서 1시간 30분~2시간 정도 발효시켜줍니다.

3. 피자 소스를 발라줍니다. (약 1ts)

4. 슬라이스한 토마토를 올려줍니다.

5. 데크 오븐 기준 윗불 210℃, 아랫불 190℃에서 19~22분간 구워줍니다.

   point 컨벡션 오븐의 경우 190°C로 예열된 오븐에서 18~19분간 구워줍니다.

6. 크루아상 부분에 시럽을 발라줍니다.

7. 토마토 위에 바질 페스토를 짜줍니다.

8. 생 모차렐라 치즈와 바질을 올리고 발사믹 소스를 뿌려 마무리합니다.

Pretzel
Croissant

프레첼 크루아상

우유 크림 카스텔라처럼 김훈 대표의 요청으로 탄생한 메뉴입니다.
어느 곳을 베어 물어도 바삭한 식감을 느낄 수 있도록 만든 제품으로,
깨를 추가하여 고소한 풍미와 먹음직스러운 비주얼까지 모두 잡은 레시피입니다.

크루아상 약 10개 분량

반죽	3×55cm 크기로 자른 뵈르 크루아상 반죽 10개
시럽	냄비에 물과 설탕(1:1비율)을 넣고 약 102℃까지 끓인 후 식혀 사용합니다.
기타	검은깨와 참깨 적당량

성형 & 마무리

1. 휴지를 마친 뵈르 크루아상 반죽을 폭 60cm,
   두께 4.5~5mm로 밀어 편 후
   3×55cm 크기로 잘라줍니다.

2. 한 쪽 방향으로 반죽을 비틀어줍니다.

3. 일정한 모양으로 꼬아지도록 중간중간
   확인해가며 촘촘하게 작업합니다.

   point 과하게 비틀면 구울 때 모양이 틀어지거나
   끊어질 가능성이 크므로 주의합니다.

4. 양쪽 반죽을 올려 ×자로 만들고 고정시켜
   프레첼 모양으로 완성합니다.

   point 꼬인 부분과 끝부분의 고정이 약하면 구운 후
   쉽게 떨어지므로 꼼꼼하게 붙여줍니다.

5. 반죽을 물에 담갔다 가볍게 털어줍니다.

6. 검은깨와 참깨를 섞어둔 볼에 넣고 고르게 묻혀줍니다.

7. 70%-28℃에서 2시간 정도 발효시켜줍니다.

8. 데크 오븐 기준 윗불 210℃, 아랫불 190℃에서 19~22분간 구워줍니다.

    point 컨벡션 오븐의 경우 190°C로 예열된 오븐에서 18~20분간 구워줍니다.

9. 구워져 나온 직후 시럽을 발라줍니다.

Pain Swiss

뺑 스위스

뺑 스위스는 일반적으로 윗면에 결이 보이지 않게 반죽을 접어 만드는 것이 대부분인데요,
테디뵈르하우스의 뺑 스위스는 반죽 윗면에 결을 추가하여 바삭함을 배로 느낄 수 있도록 만들었습니다.
직접 만든 초코칩 크렘 파티시에르도 반죽 속에 넣어 더욱 고급스러운 맛을 느낄 수 있습니다.

뺑 스위스 약 10개 분량

반죽	결 반죽	휴지를 마친 뵈르 크루아상 반죽(32p) 1034g
	몸통 반죽	휴지를 마친 뵈르 크루아상 반죽(32p) 1034g

초코칩 크렘 파티시에르 (개당 100g)	우유 522g, 바닐라빈 1개, 설탕 156g 노른자 156g, 박력분 52g, 버터 20g, 다크 청크 초코칩 200g
시럽	냄비에 물과 설탕(1:1비율)을 넣고 약 102℃까지 끓인 후 식혀 사용합니다.

크렘 파티시에르

초코칩
크렘 파티시에르

초코칩 크렘 파티시에르

1. 냄비에 우유, 바닐라빈, 설탕 1/5을 넣고 끓어오를 정도로만 가열합니다.

2. 볼에 노른자, 남은 설탕, 체 친 박력분을 넣고 뽀얀 미색이 될 때까지 휘퍼로 저어줍니다.

3. 2에 1을 부어가며 섞어줍니다.

4. 다시 냄비에 옮겨 강불에서 휘퍼로 저어가며 가열합니다.

5. 되직해졌다가 다시 묽은 상태가 되면 버터를 넣고 주걱으로 녹을 때까지 저어줍니다.

6. 바트 또는 철판에 넓게 펼쳐 밀착 랩핑한 후 냉동실에서 30분 정도 빠르게 식혀준 후 냉장 보관합니다. (보관 기간 2~3일)

7. 사용하기 직전 크렘 파티시에르를 주걱으로 부드럽게 풀어줍니다.

8. 완성된 크렘 파티시에르 800g과 다크 청크 초코칩 200g을 섞어 사용합니다.

INGREDIENTS

우유	1,052g
바닐라빈	1개

• 바닐라 페이스트 사용 시 2~3g 사용

설탕	262g
노른자	262g
전분	17g
박력분	67g
버터	84g

HOW TO MAKE

① 써머믹서에 버터를 제외한 모든 재료를 넣고 온도는 105~110℃, 속도는 2~3으로 맞춰 27~30분간 끓여줍니다.

② 버터를 넣고 잘 저어줍니다.

③ 바트 또는 철판에 넓게 펼쳐 밀착 랩핑한 후 냉동실에서 30분 정도 빠르게 식혀줍니다.

* 써머믹서를 사용하면 업장에서 좀 더 효율적으로 생산할 수 있습니다.

· 크렘 파티시에르 이해하기 ·

전분의 호화 과정을 알면 크렘 파티시에르를 이해하는 데 도움이 됩니다. 우유, 노른자, 설탕, 가루 재료가 만나 열을 받게 되면 전분 내에 물 분자를 흡수하여 전분 입자가 팽윤하게 됩니다. 이때 크렘 파티시에르가 살짝 되직해지고, 여기서 더 가열하게 되면 전분 입자가 붕괴하며 안에 있던 물 분자가 나와 묽어집니다. (바로 이때가 크렘 파티시에르가 되직해졌다가 다시 묽어지는 때입니다.) 이렇게 완성한 크렘 파티시에르를 차가운 냉동고에 넣어 침전하게 되는 반고체 상태가 되면서 우리가 사용하는 크렘 파티시에르의 질감이 되게 됩니다.

작업 시 주의 사항

• 우유와 설탕을 같이 넣는 이유는 가열하는 불로 인해 냄비의 밑바닥이 눌어붙거나 타는 것을 방지하기 위함입니다.

• 노른자와 설탕을 넣고 휘퍼로 저어주는 이유는 뜨거운 우유를 부을 때 익지 않고 잘 섞이게 하기 위함입니다.

• 강불로 빠르게 끓여주며 끝나자마자 냉동실에 넣는 이유는 미생물이 번식하는 온도를 빨리 벗어나게 하기 위함입니다.

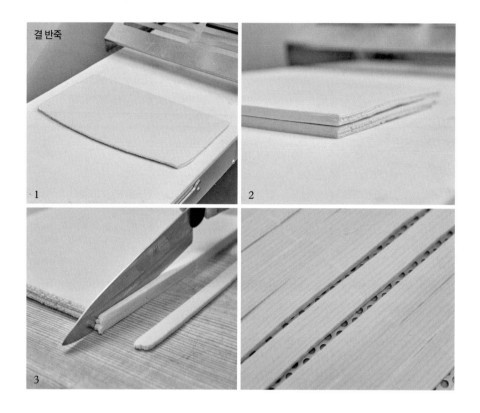

결반죽

1. 휴지를 마친 뵈르 크루아상 반죽을 두께 10mm로 밀어 펍니다.

2. 절반을 잘라 포갭니다.

3. 두께 약 0.7~1cm로 잘라 준비합니다.

몸통 반죽 & 마무리

1. 휴지를 마친 뵈르 크루아상 반죽을 두께 10mm로 밀어 폅니다. (몸통 반죽)

2. 절반을 잘라 포갭니다.

3. 두께 17mm로 밀어 폅니다.

4. 미리 잘라둔 결 반죽을 몸통 반죽 위로 촘촘하게 올려줍니다.

5. 이 상태로 폭은 약 50cm, 두께 5mm 정도로 밀어줍니다.

6. 결의 방향을 살려 폭 5cm, 길이 30cm로 자릅니다.

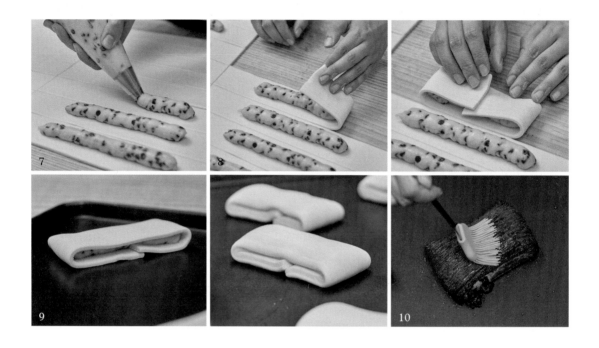

7. 반죽의 양쪽 여백을 남겨두고 초코칩 크렘 파티시에르를 정중앙에 파이핑합니다. (약 100g)

8. 양쪽 반죽이 살짝 겹쳐질 정도로 접어줍니다.

9. 접힌 부분이 아래로 가도록 철판에 두고 70%-28~30℃에서 1시간 30분~2시간 정도 발효시켜줍니다.

10. 데크 오븐 기준 윗불 210℃, 아랫불 190℃에서 23분간 구운 후 시럽을 발라줍니다.

point 컨벡션 오븐의 경우 190°C로 예열된 오븐에서 19분간 구워줍니다.

Two Tone
Pain au Chocolat

투톤 뺑 오 쇼콜라

식지 않는 인기의 뺑 오 쇼콜라, 유행은 지났지만
다양한 느낌으로 만들 수 있어 꾸준히 판매되는 제품입니다.
초콜릿 스틱을 넣어 말아주는 게 정석이지만 필링을 변경하며 다양하게 응용이 가능한 제품입니다.

뺑 오 쇼콜라 약 10개 분량

반죽	**몸통 반죽**	휴지를 마친 뵈르 크루아상 반죽 1034g
	초콜릿 반죽	물 20g, 코코아파우더 20g, 믹싱을 마친 뵈르 크루아상 반죽 200g
헤이즐넛 프랄리네*		설탕 100g, 헤이즐넛 100g, 카카오버터 10g
헤이즐넛 초코 스틱		헤이즐넛 프랄리네* 225g, 밀크초콜릿(RDC 페루 카카오 38%) 225g
시럽		냄비에 물과 설탕(1:1비율)을 넣고 약 102℃까지 끓인 후 식혀 사용합니다.
기타		다크초콜릿 스틱(발로나) 10개, 헤이즐넛 초코 스틱 10개

헤이즐넛 프랄리네

1. 냄비에 설탕을 넣고 가열해 진한 갈색으로 캐러멜라이징합니다.

2. 150℃에서 로스팅한 뜨거운 상태의 헤이즐넛을 넣고 섞어줍니다.

3. 캐러멜라이징한 설탕이 헤이즐넛에 고르게 입혀지면 테프론시트 위에 펼쳐 식혀줍니다.

4. 적당한 크기로 잘라 써머믹서에 넣고 곱게 갈아줍니다.

헤이즐넛 초코 스틱

1. 볼에 헤이즐넛 프랄리네, 녹인 밀크초콜릿을 넣고 골고루 섞어줍니다.

2. 18cm 정사각형 무스 링에 붓고 고르게 펼칩니다.

3. 냉장고에서 굳힌 후 1×8cm 크기로 잘라 사용합니다.

초콜릿 반죽

1. 물 - 코코아파우더 순서로 볼에 넣어줍니다.

2. 뵈르 크루아상 반죽을 넣고 후크를 이용해 믹싱한 후 한 덩어리로 만들어줍니다.

3. 반죽 윗면에 열십자로 칼집을 냅니다.

4. 칼집을 낸 곳을 손으로 눌러 직사각형으로 만든 후 밀어 펴기 좋은 상태가 될 때까지 냉장고에서 휴지시켜줍니다.

5. 몸통 반죽(폭 60cm, 두께 4.5~5mm로 밀어 편 뵈르 크루아상 반죽)과 동일한 크기로 밀어 펴 준비합니다.

성형 & 마무리

1. 몸통 반죽 위에 초콜릿 반죽을 올린 후 가장자리를 잘라줍니다.

2. 8×16cm 크기로 잘라줍니다.

3. 자른 반죽 절반 정도에 2~4mm 간격으로 일정하게 칼집을 냅니다.

다크초콜릿 스틱

헤이즐넛
조코 스틱

4

칼집을 낸 부분

5

6

헤이즐넛
초코 스틱

다크초콜릿 스틱

7

8

9

4. 다크초콜릿 스틱과 헤이즐넛 초코 스틱을
   준비합니다.

5. 반죽 위에 헤이즐넛 초코 스틱을 올리고
   반 바퀴 말아줍니다.

   point 이때 칼집을 낸 부분이 보이게 완성되도록
   반죽의 위치를 잡아줍니다.

6. 다크초콜릿 스틱을 올리고 반죽은 돌돌
   말아줍니다.

7. 정가운데에는 헤이즐넛 초코 스틱이,
   바깥 부분에는 다크초콜릿 스틱이 들어간
   상태로 완성됩니다.

8. 철판에 팬닝한 후 70%-28℃에서 2시간~
   2시간 30분 발효시켜줍니다.

9. 데크 오븐 기준 윗불 210℃, 아랫불 190℃에서
   20분간 구운 후 시럽을 발라줍니다.

   point 컨벡션 오븐의 경우 190℃로 예열된 오븐에서
   20분간 구워줍니다.

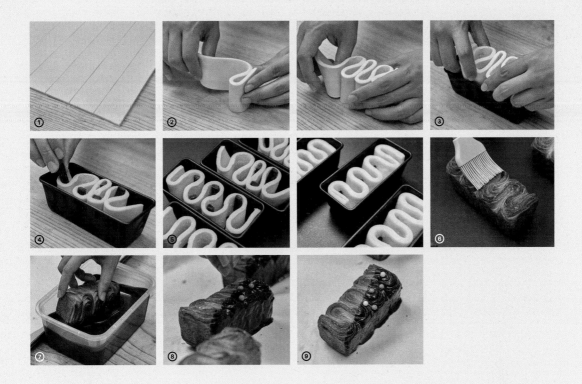

① 폭 60cm, 두께 4.5~5mm로 밀어 편 뵈르 크루아상 반죽을 폭 38cm, 길이 5cm로 잘라줍니다.

② 자른 반죽을 물결 모양으로 접어줍니다.

③ 미니파운드 틀(밑면 135mm × 55mm, 높이 45mm)에 넣어줍니다.

④ 다크초콜릿 스틱을 중간중간 끼워줍니다.

⑤ 80%-27℃에서 1시간 30분~2시간 발효시켜줍니다.

⑥ 데크 오븐 기준 윗불 210℃, 아랫불 190℃에서 20분간 구운 후 시럽을 발라줍니다.

  ● 컨벡션 오븐의 경우 190℃로 예열된 오븐에서 20분간 구워줍니다.

⑦ 녹인 코팅 다크초콜릿에 절반 정도 묻혀줍니다.

⑧ 초콜릿이 녹기 전에 초콜릿 진주 크런치를 뿌려줍니다.

⑨ 초콜릿을 굳혀 마무리합니다.

Pistachio
Kouign-amann

피스타치오 퀸아망

최근 '뉴욕롤'이라는 이름으로 크루아상 반죽을 돌돌 말아 구워 필링을 채워 넣은 후
초콜릿으로 코팅하는 스타일이 많은데요, 이 제품 역시 그런 스타일로 만들어낸 제품입니다.
바삭한 맛을 더 끌어올리고 싶어 버터와 설탕을 반죽에 발랐고 직접 만든 피스타치오 프랄리네를 이용해
풍미와 향을 더했습니다. 윗면에 올라가는 피스타치오 또한 식감을 살려줍니다.

퀸아망 약 10개 분량

반죽	데프랑트 784g + 충전용 버터 250g으로 접기와 냉동 휴지까지 마친 뵈르 크루아상 반죽
피스타치오 프랄리네 (개당 30g)	설탕 100g, 물 33g, 피스타치오 330g, 트레할로스 240g, 식용유 48g ◆ 남은 프랄리네는 따로 보관 후 사용합니다.
피스타치오 크림 (반죽 충전용 300g, 개당 파이핑용 30g)	크렘 파티시에르(82p) 540g, 피스타치오 프랄리네 60g
시럽	냄비에 물과 설탕(1:1비율)을 넣고 약 102℃까지 끓인 후 식혀 사용합니다.
기타	반죽에 뿌리는 설탕 50g, 성형한 반죽에 묻히는 설탕 적당량 피스타치오 분태 적당량

피스타치오 프랄리네

1. 냄비에 설탕, 물을 넣고 110℃가 될 때까지 가열합니다.

2. 온도에 도달하면 불에서 내려 피스타치오를 넣고 주걱으로 빠르게 저어줍니다.

3. 하얗게 결정화가 될 때까지 저어줍니다.

4. 피스타치오가 어느 정도 식으면 써머믹서에 넣고 갈아줍니다.

5. 피스타치오가 곱게 갈리면 트레할로스, 식용유를 넣고 갈아줍니다.

피스타치오 크림

1. 볼에 크렘 파티시에르를 담고 부드럽게
   풀어줍니다.

2. 피스타치오 프랄리네를 넣고 가볍게
   섞어줍니다.

성형 & 마무리

1. 휴지를 마친 뵈르 크루아상 반죽을
   폭 60cm, 두께 3.5~5mm로 밀어 편 후
   반죽의 하단 1cm 부분을 밀대로 눌러 얇게
   만들어줍니다.

    이 부분이 가장 바깥쪽으로 오게 말아주면
   완성되었을 때 꼬리가 뭉툭하지 않고
   날렵한 모양으로 완성됩니다.

2. 피스타치오 크림 300g을 얇게 펴 발라줍니다.

3. 설탕 50g을 뿌려줍니다.

4. 반죽을 돌돌 말아준 후 냉동실에 잠시 두어
   자르기 쉬운 상태로 굳혀줍니다.

5. 2cm 두께로 썰어줍니다.

6. 설탕을 전체적으로 묻혀줍니다.

7. 70%-28℃에서 2시간~2시간 30분
   발효시켜줍니다.

8. 굽기 직전 설탕을 살짝 뿌린 후
   데크 오븐 기준 윗불 210℃, 아랫불 190℃에서
   20분간 구워줍니다.

   point 컨벡션 오븐의 경우 190℃로 예열된 오븐에서
   18~19분간 구워줍니다.

9. 구워져 나온 직후 시럽을 발라줍니다.

10. 피스타치오 프랄리네를 달팽이 모양으로 파이핑합니다. (약 30g)

11. 피스타치오 크림을 동일하게 파이핑합니다. (약 30g)

12. 피스타치오 분태를 뿌려줍니다.

13. 피스타치오 크림과 프랄리네가 굳을 때까지 기다립니다.

Corn Kouign-amann

옥수수 퀸아망

옥수수의 진한 맛을 표현하기 위해 여러 테스트를 거쳐
진한 맛과 향을 가장 잘 느낄 수 있는 레시피를 만들었습니다.
밋밋한 옥수수 맛이 아닌 고소하고 달달한 옥수수의 향을 가득 느껴 볼 수 있습니다.

퀸아망 약 10개 분량

반죽	데프랑트 784g + 충전용 버터 250g으로 접기와 냉동 휴지까지 마친 뵈르 크루아상 반죽
옥수수 크림 (개당 55g)	크렘 파티시에르(82p) 350g, 옥수수 페이스트(세미) 200g 옥수수 레진 2.5방울
시럽	냄비에 물과 설탕(1:1비율)을 넣고 약 102℃까지 끓인 후 식혀 사용합니다.
기타	반죽에 뿌리는 설탕 50g, 성형한 반죽에 묻히는 설탕 적당량, 옥수수 적당량, 딜 적당량

옥수수 크림

1. 크렘 파티시에르를 주걱으로 부드럽게 풀어줍니다.

2. 옥수수 페이스트, 옥수수 레진을 넣고 고르게 섞어줍니다.

성형 & 마무리

1. 휴지를 마친 뵈르 크루아상 반죽을 폭 60cm, 두께 4.5~5mm로 밀어 편 후 반죽의 하단 1cm 부분을 밀대로 눌러 얇게 만들어줍니다.

    point 이 부분이 가장 바깥쪽으로 오게 말아주면 완성되었을 때 꼬리가 뭉툭하지 않고 날렵한 모양으로 완성됩니다.

2. 크렘 파티시에르를 얇게 펴 발라줍니다.

3. 설탕 50g을 뿌려줍니다.

4. 반죽을 돌돌 말아준 후 냉동실에 잠시 두어
   자르기 쉬운 상태로 굳혀줍니다.

5. 2cm 두께로 썰어줍니다.

6. 설탕을 전체적으로 묻혀줍니다.

7. 70%-28℃에서 2시간~2시간 30분
   발효시켜줍니다.

8. 굽기 직전 설탕을 살짝 뿌린 후
   데크 오븐 기준 윗불 210℃, 아랫불 190℃에서
   20분간 구워줍니다.

   point 컨벡션 오븐의 경우 190℃로 예열된 오븐에서
          18~19분간 구워줍니다.

9. 구워져 나온 직후 시럽을 발라줍니다.

10. 옥수수 크림을 달팽이 모양으로 파이핑합니다.

11. 토치로 그을린 옥수수, 옥수수 알을 올려줍니다.

12. 딜을 올려줍니다.

Fig
Kouign-amann
무화과 퀸아망

무화과의 모든 것을 느낄 수 있는 퀸아망으로 무화과의 잎을 사용하여 만든 몽테크림과
생무화과까지 진한 무화과의 맛을 가득 담았고 피칸을 올려 고소함까지 맛볼 수 있는 메뉴입니다.

퀸아망 약 10개 분량

반죽	데프랑트 784g + 충전용 버터 250g으로 접기와 냉동 휴지까지 마친 뵈르 크루아상 반죽
무화과 몽테 (개당 20g)	동물성 휘핑크림(레스큐어) 100g, 바닐라빈 소량, 무화과 잎 5g 화이트초콜릿(RDC 에콰도르) 100g, 윌튼 레드 색소 소량
무화과 잼 (개당 30g)	무화과 퓌레 500g, 설탕 160g, NH펙틴 1g, 레몬즙 2.5g
시럽	냄비에 물과 설탕(1:1 비율)을 넣고 약 102℃까지 끓인 후 식혀 사용합니다.
캔디드 피칸	피칸 40개, 시럽 100g

◆ 시럽은 설탕과 물(1:1 비율)을 냄비에서 가열한 후 식혀 사용합니다.

◆ 피칸은 시럽을 가볍게 묻혀 데크 오븐 기준 윗불 150℃, 아랫불 150℃에서 10~15분 구워줍니다.

기타	녹인 버터 적당량, 반죽에 뿌리는 설탕 50g 성형한 반죽에 묻히는 설탕 적당량, 생무화과 5~6개 피스타치오 분태 적당량, 라즈베리 크리스피(SOSA) 적당량

무화과 몽테

1. 냄비에 휘핑크림, 바닐라빈, 무화과 잎을 넣고 끓여줍니다. (끓어오르면 불을 끄고 냄비 입구를 랩핑한 후 5~10분 인퓨징합니다.)

2. **1**을 다시 끓여준 뒤 화이트초콜릿을 넣어줍니다.

3. 화이트초콜릿이 잘 녹을 때까지 저어줍니다.

4. 윌튼 레드 색소를 섞어 색을 냅니다.

5. 최소 4시간 이상 휴지시켜 사용합니다.

point 무화과 잎을 끓이면 분리 현상이 나타나지만, 초콜릿을 넣어 이 점을 보완할 수 있습니다.

무화과 잼

1. 무화과 퓌레를 넣고 가열합니다.

2. 50℃가 되면 미리 섞어둔 설탕과 NH펙틴을 넣고 끓여줍니다.

3. 끓어오르면 불에서 내려 레몬즙을 넣고 섞어 마무리합니다.

성형 & 마무리

1. 휴지를 마친 뵈르 크루아상 반죽을 폭 60cm, 두께 4.5~5mm로 밀어 편 후 반죽의 하단 1cm 부분을 밀대로 눌러 얇게 만들어줍니다.

   point 이 부분이 가장 바깥쪽으로 오게 말아주면 완성되었을 때 꼬리가 뭉툭하지 않고 날렵한 모양으로 완성됩니다.

2. 녹인 버터를 얇게 펴 발라줍니다.

3. 설탕 50g을 뿌려줍니다.

4. 반죽을 돌돌 말아준 후 냉동실에 잠시 두어 자르기 쉬운 상태로 굳혀줍니다.

5. 2cm 두께로 썰어준 후 설탕을 골고루 묻혀줍니다.

6. 70%-28℃에서 2시간~2시간 30분 발효시켜줍니다.

7. 굽기 직전 설탕을 살짝 뿌린 후 데크 오븐 기준 윗불 210℃, 아랫불 190℃에서 20분간 굽고, 어느 정도 높이가 올라오면 반죽 위에 테프론시트와 철판 3장 정도를 깔고 10분 더 구워줍니다.

point 컨벡션 오븐의 경우 190°C로 예열된 오븐에서 15분간 구워줍니다.

8. 구워져 나온 직후 시럽을 발라줍니다.

9. 무화과 잼을 달팽이 모양으로 파이핑합니다. (약 30g)

10. 무화과 몽테를 파이핑합니다. (약 20g)

11. 생무화과를 올려줍니다.

12. 캔디드 피칸 4개, 피스타치오 분태, 라즈베리 크리스피를 뿌려 마무리합니다.

Yakgwa Kouign-amann

약과 퀸아망

2023년 디저트 업계 트렌드에서 가장 압도적이었던 약과를 퀸아망과 조합해 본 메뉴입니다.
약과와 퀸아망이 무슨 조합인가 싶을 수 있겠지만 피낭시에부터 쿠키까지 이미 여러 가지 디저트에서
약과를 활용한 제품이 많이 있었기 때문에 테디뵈르하우스에서는 퀸아망에 조합시켜 보았습니다.
직접 만든 즙청이 포인트인 특별한 레시피입니다.

퀸아망 약 10개 분량

반죽	데프랑트 784g + 충전용 버터 250g으로 접기와 냉동 휴지까지 마친 뵈르 크루아상 반죽
시나몬 크림 (개당 13g)	마스카르포네(밀라) 20g, 동물성 휘핑크림(레스큐어) 100g 설탕 12g, 시나몬파우더 3g
즙청	쌀조청(경일) 1200g, 물 70g, 꿀 170g 생강 50g, 생강즙 25g, 대추 5개 시나몬(스틱) 8g, 시나몬파우더 5g, 소금 2g
기타	녹인 버터 적당량, 반죽에 뿌리는 설탕 50g 성형한 반죽에 묻히는 설탕 적당량, 약과 10개

시나몬 크림

볼에 모든 재료를 넣고 고르게 섞어줍니다.

즙청

1. 냄비에 모든 재료를 넣고 강불에서 가열합니다.

2. 103℃가 되면 1분 정도 더 가열한 후 체에 거르고 식혀 사용합니다.

3. 식힌 즙청을 주걱으로 들어 올렸을 때 느껴지는 농도는 일반적인 물엿의 농도와 동일한 상태입니다.

성형 & 마무리

1. 휴지를 마친 뵈르 크루아상 반죽을 폭 60cm, 두께 4.5~5mm로 밀어 편 후 밀대로 아래쪽 반죽에 힘을 주어 얇게 만들어줍니다.

    point 이 부분이 가장 바깥쪽으로 오게 말아주면 완성되었을 때 꼬리가 뭉툭하지 않고 날렵한 모양으로 완성됩니다.

2. 녹인 버터를 얇게 펴 발라줍니다.

3. 설탕을 뿌려줍니다.

4. 반죽을 돌돌 말아준 후 냉동실에 잠시 두어 자르기 쉬운 상태로 굳혀줍니다.

5. 3cm 두께로 썰어준 후 설탕을 골고루 묻혀줍니다.

6. 70%-28℃에서 2시간 발효시켜줍니다.

7. 굽기 직전 반죽 윗면에 설탕을 살짝 뿌린 후 테프론시트 - 철판 3장 순서로 덮어줍니다. 데크 오븐 기준 윗불 210℃, 아랫불 190℃에서 20분간 굽고 테프론시트와 철판 3장을 제거한 후 구움색을 확인해가며 5분 정도 더 구워줍니다.

8. 퀸아망이 완전히 식으면 퀸아망 윗부분을 즙청에 담갔다 빼줍니다.

9. 철판에 두고 즙청을 굳혀줍니다.

10. 시나몬 크림을 한 주걱 올려줍니다.

11. 약과를 올려줍니다.

Fruit Danish Pastry

과일 데니시 페이스트리

데니시 페이스트리는 발효시킨 여러 겹의 반죽을 구워 치즈나 과일 크림 등 여러 재료를 넣어
만드는 레시피로 반죽과 어울리는 크림을 가득 넣고 싶어 고안해낸 성형법으로 만든 제품입니다.
기존의 사각형이나 원형의 모양이 아닌 여러 방법을 테스트해본 후 깊이감을 가질 수 있는
뒤집은 실리콘 몰드를 사용하는 방법을 택했고, 넉넉한 깊이감을 만들어
크림을 가득 채울 수 있는 모양으로 완성시켰습니다.

Strawberry Danish Pastry
딸기 데니시 페이스트리

데니시 페이스트리 약 12개 분량

반죽	10cm 정사각형으로 자른 뵈르 크루아상 반죽 12개
코팅 초코	화이트초콜릿 20g, 카카오버터 10g

◆ 코팅 초코는 화이트초콜릿과 카카오버터를 전자레인지나 중탕 냄비에서 녹이고 섞은 후 40°C 정도로 맞춰 사용합니다.

딸기잼 (개당 10g)	냉동 딸기 750g, 설탕A 345g, 트레할로스 115g NH펙틴 8g, 설탕B 80g, 레몬즙 30g, 딜 5g
딸기 크림 (개당 60g)	가루 젤라틴(200bloom) 4g, 물 20g, 라즈베리 퓌레 175g 딸기 퓌레 180g, 노른자 125g, 설탕 85g, 버터 155g
크렘 샹티이 (개당 10g)	동물성 휘핑크림(레스큐어) 300g, 설탕 30g

◆ 크렘 샹티이는 휘핑크림과 설탕을 80% 정도로 휘핑해 사용합니다.

기타	딸기 적당량, 딜 적당량, 데코스노우 적당량

딸기잼

1. 냄비에 냉동 딸기, 설탕A, 트레할로스를 넣고 가볍게 버무린 후 하얀 설탕 입자가 보이지 않을 때까지 실온에 둡니다.

2. 중불에서 주걱으로 저어가며 가열합니다.

3. 바믹서로 곱게 갈아줍니다.

4. 미리 섞어둔 NH펙틴과 설탕B를 조금씩 흘려 넣어가며 가열합니다.

5. 설탕이 모두 녹으면 불을 끄고 레몬즙을 넣고 섞어줍니다.

6. 식으면 딜을 넣고 바믹서로 갈아준 후 밀폐 용기에 담아 냉장 보관해 사용합니다.

딸기 크림

1.   젤라틴과 물을 수화시켜 준비합니다.

2.   냄비에 라즈베리 퓌레, 딸기 퓌레, 노른자, 설탕을 넣고 살짝 끓어오를 정도로 가열합니다.

point 업장에서 사용하는 용도라면 85°C까지 올려주고, 가정에서 소량으로 사용하는 용도라면 78°C까지 올려줍니다.

3.   온도가 오르고 되직한 상태가 되면 물에 수화시킨 젤라틴을 넣고 가열합니다.

4.   젤라틴이 녹으면 버터를 넣고 바믹서로 갈아줍니다.

5.   완성한 딸기 크림은 밀폐 용기에 담아 냉장고에서 약 4시간 숙성시킨 후 사용합니다.

성형 & 마무리

1. 휴지를 마친 뵈르 크루아상 반죽을
   폭 56cm, 두께 4.5mm로 밀어 편 후
   10cm 정사각형 크기로 잘라줍니다.

2. 지름 8cm 반구 몰드를 준비합니다.

   point 반죽간 간격이 필요하므로 여기에서는 몰드를
   잘라 사용했습니다.

3. 뒤집은 몰드에 반죽을 올린 후 가장자리를
   눌러줍니다.

4. 70%-28℃에서 1시간 30분~2시간
   발효시켜줍니다.

5. 데크 오븐 기준 윗불 190℃, 아랫불 190℃에서
   19~22분간 구워줍니다.

   point 컨벡션 오븐의 경우 190℃로 예열된 오븐에서
   18~19분간 구워줍니다.

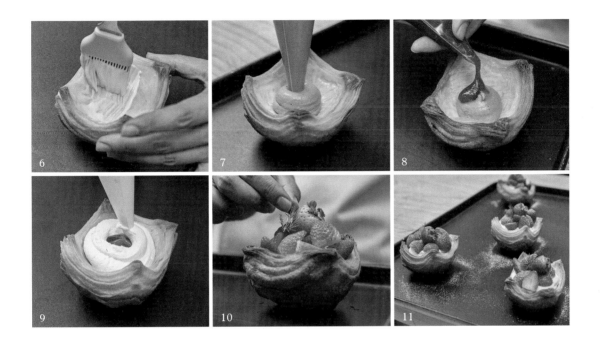

6. 안전히 식은 반죽 안쪽에 코팅 초코를 발라줍니다.

(point) 코팅 초코를 바르면 크림의 수분이 반죽으로 스며들어 눅눅해지는 것을 지연시킬 수 있습니다.

7. 딸기 크림을 약 60g 정도 파이핑합니다.

8. 딸기잼을 약 10g 정도 파이핑합니다.

9. 크렘 샹티이를 약 10g 정도 파이핑합니다.

10. 딸기와 딜을 올려줍니다.

11. 데코스노우를 뿌려줍니다.

Bluberry Danish Pastry

블루베리 데니시 페이스트리

How to Make **(데니시 페이스트리 약 12개 분량)**

블루베리 카시스 잼 (개당 10g)

블루베리 퓌레	700g
카시스 퓌레	100g
냉동 블루베리(홀)	200g
레몬즙	15g
설탕A	380g
NII펙틴	7g
설탕B	78g

1. 냄비에 블루베리 퓌레, 카시스 퓌레, 냉동 블루베리, 레몬즙, 설탕A를 넣고 가볍게 버무린 후 하얀 설탕 입자가 보이지 않을 때까지 실온에 둡니다.
2. 중불에서 주걱으로 저어가며 가열합니다.
3. 바믹서로 곱게 갈아줍니다.
4. 50℃가 되면 미리 섞어둔 NH펙틴과 설탕B를 조금씩 흘려 넣어가며 뭉치지 않게 휘퍼로 저어가며 가열합니다.
5. 2분 정도 끓인 후 되직한 농도가 되면 불을 끄고 식혀줍니다.
6. 밀폐 용기에 담아 냉장 보관해 사용합니다.

블루베리 크림 (개당 60g)

가루 젤라틴(200bloom)	3g
물	15g
블루베리 퓌레	350g
노른자	125g
설탕	85g
버터	162g

1. 젤라틴과 물을 수화시켜 준비합니다.
2. 냄비에 블루베리 퓌레, 노른자, 설탕을 넣고 살짝 끓어오를 정도로 가열합니다.

point 업장에서 사용하는 용도라면 85℃까지 올려주고, 가정에서 소량으로 사용하는 용도라면 78℃까지 올려줍니다.

3. 온도가 오르고 되직한 상태가 되면 물에 수화시킨 젤라틴을 넣고 가열합니다.
4. 젤라틴이 녹으면 버터를 넣고 바믹서로 갈아줍니다.
5. 밀폐 용기에 담아 냉장고에서 약 4시간 숙성시킨 후 사용합니다.

구운 뵈르 크루아상 (124p) 12개

크렘 샹티이 (개당 10g)

동물성 휘핑크림(레스큐어)	300g
설탕	30g

◆ 크렘 샹티이는 휘핑크림과 설탕을 80% 정도로 휘핑해 사용합니다.

기타

코팅 초코(121p)	적당량
블루베리	적당량
데코스노우	적당량

마무리

1. 완전히 식은 반죽 안쪽에 코팅 초코를 발라줍니다.

point 코팅 초코를 바르면 크림의 수분이 반죽으로 스며들어 눅눅해지는 것을 지연시킬 수 있습니다.

2. 블루베리 카시스 잼 - 블루베리 크림 - 크렘 샹티이 순서로 채워줍니다.
3. 블루베리를 올리고 데코스노우를 뿌려 마무리합니다.

Mango Basil Danish Pastry

망고 바질 데니시 페이스트리

 (데니시 페이스트리 약 12개 분량)

망고 패션 바질 잼 (개당 10g)

망고 퓌레	350g
패션푸르츠 퓌레	50g
NH펙틴	7g
설탕	20g
바질	5g
냉동 망고	50g

1. 냄비에 망고 퓌레, 패션푸르트 퓌레를 넣고 가열합니다.
2. 50℃가 되면 미리 섞어둔 NH펙틴과 설탕을 조금씩 흘러 넣어가며 뭉치지 않게 휘퍼로 저어가며 가열합니다.
3. 2분 정도 끓인 후 되직한 농도가 되면 불을 끄고 식혀줍니다.
4. 바질을 넣고 바믹서로 갈아줍니다.
5. 작게 자른 냉동 망고를 섞어줍니다.
6. 밀폐 용기에 담아 냉장 보관해 사용합니다.

망고 패션 크림 (개당 40g)

가루 젤라틴(200bloom)	2g
물	10g
망고 퓌레	100g
패션푸르츠 퓌레	8g
설탕	95g
달걀	110g
버터	160g

1. 젤라틴과 물을 수화시켜 준비합니다.
2. 냄비에 망고 퓌레, 패션푸르트 퓌레, 설탕, 달걀을 넣고 살짝 끓어오를 정도로 가열합니다.

point 업장에서 사용하는 용도라면 85℃까지 올려주고, 가정에서 소량으로 사용하는 용도라면 78℃까지 올려줍니다.

3. 온도가 오르고 되직한 상태가 되면 물에 수화시킨 젤라틴을 넣고 가열합니다.
4. 젤라틴이 녹으면 버터를 넣고 바믹서로 갈아줍니다.
5. 밀폐 용기에 담아 냉장고에서 약 4시간 숙성시킨 후 사용합니다.

구운 뵈르 크루아상 (124p) 12개

크렘 샹티이 (개당 10g)

동물성 휘핑크림(레스큐어)	300g
설탕	30g

◆ 크렘 샹티이는 휘핑크림과 설탕을 80% 정도로 휘핑해 사용합니다.

기타

코팅 초코(121p)	적당량
데코젤	적당량
망고	6개
바질	적당량
데코스노우	적당량

마무리

1. 완전히 식은 반죽 안쪽에 코팅 초코를 발라줍니다.

point 코팅 초코를 바르면 크림의 수분이 반죽으로 스며들어 눅눅해지는 것을 지연시킬 수 있습니다.

2. 망고 패션 바질 잼 - 망고 패션 크림 - 크렘 샹티이 순서로 채워줍니다.
3. 데코젤에 버무린 망고, 바질을 올리고 데코스노우를 뿌려 마무리합니다.

Peach
Danish Pastry

복숭아 데니시 페이스트리

Ingredients

복숭아 잼 (개당 10g)

피치 퓌레	630g
설탕A	200g
물엿	125g
트레할로스	140g
NH펙틴	6.5g
설탕B	20g
레몬즙	25g

복숭아 크림 (개당 60g)

가루 젤라틴(200bloom)	5g
물	20g
피치 퓌레	354g
노른자	133g
설탕	88g
버터	167g

구운 뵈르 크루아상 (124p) 12개

크렘 샹티이 (개당 10g)

동물성 휘핑크림(레스큐어)	300g
설탕	30g

◆ 크렘 샹티이는 휘핑크림과 설탕을
80% 정도로 휘핑해 사용합니다.

기타

코팅 초코(121p)	적당량
경봉 복숭아	5개
체리	12개
민트잎	적당량
데코스노우	적당량

How to Make (데니시 페이스트리 약 12개 분량)

1. 냄비에 피치 퓌레, 설탕A, 물엿, 트레할로스를 넣고 가열합니다.
2. 50℃가 되면 미리 섞어둔 NH펙틴과 설탕B를 조금씩 흘려 넣어가며 뭉치지 않게 휘퍼로 저어가며 가열합니다.
3. 2분 정도 끓인 후 되직한 농도가 되면 불을 끄고 레몬즙을 넣고 섞어줍니다.
4. 밀폐 용기에 담아 냉장 보관해 사용합니다.

1. 젤라틴과 물을 수화시켜 준비합니다.
2. 냄비에 피치 퓌레, 노른자, 설탕을 넣고 살짝 끓어오를 정도로 가열합니다.

point 업장에서 사용하는 용도라면 85℃까지 올려주고, 가정에서 소량으로 사용하는 용도라면 78℃까지 올려줍니다.

3. 온도가 오르고 되직한 상태가 되면 물에 수화시킨 젤라틴을 넣고 가열합니다.
4. 젤라틴이 녹으면 버터를 넣고 바믹서로 갈아줍니다.
5. 밀폐 용기에 담아 냉장고에서 약 4시간 숙성시킨 후 사용합니다.

마무리

1. 완전히 식은 반죽 안쪽에 코팅 초코를 발라줍니다.

point 코팅 초코를 바르면 크림의 수분이 반죽으로 스며들어 눅눅해지는 것을 지연시킬 수 있습니다.

2. 복숭아 잼 - 복숭아 크림 - 크렘 샹티이 순서로 채워줍니다.
3. 슬라이스한 복숭아를 포개어 올리고 가운데에 체리 한 알을 넣습니다.
4. 민트잎을 올리고 데코스노우를 뿌려 마무리합니다.

Sweet Pumpkin
Cheese Cake Danish Pastry

단호박 치즈 케이크 데니시 페이스트리

단호박 바스크 치즈 케이크를 데니시 페이스트리에 접목시켜 만든 제품으로 단호박 바스크 치즈 케이크만
사용하면 단호박의 맛이 약해서 단호박 크림을 개발해 듬뿍 올려주는 형태로 완성했습니다.
단호박의 맛을 최대로 끌어올린 제품으로, 단호박을 좋아하는 사람이라면 누구나 극찬하는 맛입니다.

데니시 페이스트리 약 12개 분량

구운 뵈르 크루아상(124p)	12개
단호박 바스크 치즈 케이크	크림 치즈 250g, 옥수수전분 6g, 설탕 81g 노른자 30g, 달걀 150g, 동물성 휘핑크림(레스큐어) 107g 바닐라빈 적당량, 단호박가루 60g
단호박 크렘 샹티이 (개당 40g)	동물성 휘핑크림(레스큐어)A 100g, 단호박가루 40g 화이트초콜릿(RDC 에콰도르) 100g, 동물성 휘핑크림(레스큐어)B 200g
코팅 초코	화이트초콜릿 20g, 카카오버터 10g

◆ 코팅 초코는 화이트초콜릿과 카카오버터를 전자레인지나 중탕 냄비에서 녹이고 섞은 후
40℃ 정도로 맞춰 사용합니다.

기타	찐 단호박 적당량, 단호박 가루 적당량 시나몬파우더 적당량, 호박씨 적당량

단호박 바스크 치즈 케이크

1. 써머믹서에 모든 재료를 넣습니다.

2. 재료가 완전히 섞일 때까지 믹서를 돌려줍니다.

 point

반죽기를 사용하는 경우 아래와 같이 작업합니다.

① 크림 치즈를 가볍게 풀어준 후 옥수수전분, 설탕을 넣고
   섞어줍니다.

② 노른자, 달걀을 넣고 섞어줍니다.

③ 휘핑크림을 넣고 섞어줍니다.

④ 바닐라빈, 단호박가루를 넣고 바믹서로 갈아줍니다.

단호박 크렘 샹티이

1. 냄비에 휘핑크림A를 넣고 50~60℃ 정도로
   가열합니다.

2. 단호박가루를 넣고 휘퍼로 섞어줍니다.

3. 고르게 섞이면 주걱으로 되기를 확인해가며
   가열합니다.

4. 화이트초콜릿을 넣고 주걱으로 저어가며
   녹여줍니다.

5. 써머믹서에 휘핑크림B와 4를 넣고 40℃ 정도로
   가열 후 섞어줍니다.

6. 완성된 크림은 사용하기 전까지 냉장 휴지 후
   파이핑하기 좋은 상태로 휘핑해 사용합니다.

마무리

1. 완전히 식은 데니시 안쪽에 코팅 초코를 발라줍니다.

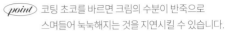 코팅 초코를 바르면 크림의 수분이 반죽으로 스며들어 눅눅해지는 것을 지연시킬 수 있습니다.

2. 데니시에 찐 단호박 한 조각을 넣어줍니다.

3. 단호박 바스크 치즈 케이크 반죽을 채워줍니다.

4. 데크 오븐 기준 윗불 210℃, 아랫불 190℃에서 10~12분간 구워줍니다.

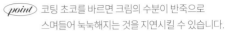 컨벡션 오븐의 경우 210℃로 예열된 오븐에서 10분간 구워줍니다.

5. 몽블랑 깍지를 끼운 짤주머니에 단호박 크렘 샹티이를 담아 봉긋하게 파이핑합니다.

6. 단호박 가루를 뿌려줍니다.

7. 시나몬파우더를 뿌려줍니다.

8. 호박씨를 올려 마무리합니다.

Green Apple Croffin

청사과 크로핀

일반적인 모양의 크로핀보다 반죽과 결의 모양이 소용돌이처럼 강렬한 느낌으로 보여주고 싶어
한 줄의 반죽을 말아 완성하는 방법이 아닌, 3개의 반죽을 사용해 선명한 회오리 모양을 연출했습니다.
청사과의 새콤달콤함과 딜의 향긋함이 잘 어우러지는 제품입니다.

크로핀 약 10개 분량

반죽	3×18cm로 자른 뵈르 크루아상 반죽 30개
청사과 크림 (개당 50g)	가루 젤라틴(200bloom) 2g, 물 10g, 청사과 퓌레 100g 달걀 130g, 설탕 100g, 버터 180g, 사과 증류주(칼바도스) 10g
청사과 딜 충전물 (개당 15g)	사과즙 275g, NH펙틴 6g, 설탕 20g, 레몬즙 50g 사과 증류주(칼바도스) 20g, 깍둑 썬 사과 280g, 딜 4g ◆ 남은 충전물은 따로 보관 후 사용합니다.
시럽	냄비에 물과 설탕(1:1비율)을 넣고 약 102℃까지 끓인 후 식혀 사용합니다.
장식용 크렘 샹티이	크렘 샹티이는 휘핑크림과 설탕(10:1 비율)을 80% 정도로 휘핑해 사용합니다.
기타	슬라이스 청사과 적당량, 딜 적당량

청사과 크림

1. 젤라틴과 물을 수화시켜 준비합니다.

2. 냄비에 청사과 퓌레, 달걀, 설탕을 넣고 살짝 끓어오를 정도로 가열합니다.

   point 업장에서 사용하는 용도라면 85℃까지 올려주고, 가정에서 소량으로 사용하는
   용도라면 78℃까지 올려줍니다.

3. 온도가 오르고 되직한 상태가 되면 물에 수화시킨 젤라틴을 넣고 가열합니다.

4. 젤라틴이 녹으면 버터를 넣고 바믹서로 갈아줍니다.

5. 사과 증류주를 넣고 섞어줍니다.

6. 밀폐 용기에 담아 냉장고에서 약 4시간 숙성시킨 후 사용합니다.

청사과 딜 충전물

1. 냄비에 사과즙을 넣고 가열합니다.

2. 50℃가 되면 미리 섞어둔 NH펙틴과 설탕을
   조금씩 흘려 넣어가면서 휘퍼로 섞어줍니다.

3. 레몬즙을 넣고 가열합니다.

4. 사과 증류주를 넣고 가열합니다.

5. 불에서 내려 얼음물에 받쳐 빠르게 식혀줍니다.

6. 사방 1cm로 깍둑 썬 사과를 넣고 섞어줍니다.

7. 다진 딜을 넣고 섞어줍니다.

성형 & 마무리

1. 휴지를 마친 뵈르 크루아상 반죽을
   폭 55cm, 두께 4mm로 밀어 편 후
   가로 3cm, 세로 18cm 크기로 잘라줍니다.

2. 자른 반죽 3개를 간격을 두고 포개어줍니다.

3. 포개 반죽을 옆으로 눕혀 돌돌 말아줍니다.

4. 끝부분의 반죽을 살짝 위로 올려 붙여줍니다.

5. 남은 두 개의 반죽도 동일하게 작업합니다.

6. 반죽을 뒤집은 후 손등으로 아랫부분을
   밀착시켜줍니다.

7. 반죽 정가운데를 엄지손가락으로 꾹
   눌러줍니다.

8. 지름 6cm, 높이 4.5cm 원형 무스 링에 반죽을 넣고 70%-28℃에서 2시간~2시간 30분 발효시켜줍니다.

9. 데크 오븐 기준 윗불 210℃, 아랫불 190℃에서 18~20분간 구워준 후 링에서 빼냅니다.

point 컨벡션 오븐의 경우 190℃로 예열된 오븐에서 18~20분간 구워줍니다.

10. 구워져 나온 직후 시럽을 발라줍니다.

11. 크로핀 정가운데에 칼집을 냅니다.

12. 청사과 크림을 50g 채워줍니다.

13. 청사과 딜 충전물을 15g 채워줍니다.

14. 칼집을 낸 곳에 크렘 샹티이를 봉긋하게 파이핑합니다.

15. 슬라이스한 청사과와 딜을 올려 마무리합니다.

Pudding Croissant

푸딩 크루아상

달걀노른자와 우유를 사용하여 깊은 풍미와 고소하면서도 부드러운 맛을 살린 푸딩을 올려 만든
크루아상입니다. 푸딩이 올라가 크루아상이 눅눅해질 수 있으니 푸딩을 올린 직후나
오픈하는 아침 시간에 드시는 걸 추천드립니다.

크루아상 약 10개 분량

반죽	11cm 정사각형으로 자른 뵈르 크루아상 반죽 10개
캐러멜 (개당 10g, 50개 분량)	물 100g, 설탕 500g
푸딩 (개당 100g)	바닐라빈 1개, 우유 175g, 동물성 휘핑크림(레스큐어) 323g, 노른자 166g 설탕 83g, 크림 치즈 66g, 마스카르포네(밀라) 256g
시럽	냄비에 물과 설탕(1:1비율)을 넣고 약 102℃까지 끓인 후 식혀 사용합니다.
충전물 (개당 15g)	크렘 파티시에르(82p) 150g
기타	데코스노우 적당량

캐러멜

1. 냄비에 물과 설탕을 넣고 가열합니다.

   point 설탕은 가장자리부터 녹기 시작하므로 고르게 녹을 수 있도록 냄비의 위치를 조정해가며 가열합니다. 또한 설탕이 녹지 않은 상태에서 휘저으면 결정화되기 쉬우므로 완전히 녹은 부분을 아직 녹지 않은 설탕과 소량씩 섞어가며 전체적으로 녹여줍니다.

2. 설탕이 갈변하기 시작하면 전체적으로 녹여주고 원하는 색상보다 살짝 연한 상태일 때 불에서 내립니다.

   point 색이 나기 시작하면 빠르게 진해지므로 살짝 연한 상태에서 마무리해 잔열로 색을 냅니다.

3. 푸딩컵에 약 10g씩 붓고 그대로 두어 굳혀줍니다.

   point 캐러멜은 빠르게 굳으므로 신속하게 작업합니다.

푸딩

1. 냄비에 모든 재료를 넣고 가열하면서 바믹서로 갈아줍니다.

   point 알끈이 있어 바믹서로 부드럽게 갈아주어야 매끈하고 깔끔한 푸딩으로 완성됩니다.

2. 푸딩컵에 100g씩 부어줍니다.

3. 철판에 물을 붓고 데크 오븐 기준 윗불 160℃, 아랫불 150℃에서 댐퍼를 닫고 40~50분간 구운 후 한김 식혀 냉장고에 보관합니다.

   point 철판에 물을 붓고 중탕으로 굽는 방식이기 때문에 댐퍼를 열고 구우면 수증기가 빠져나가 푸딩이 마를 수 있으므로 푸딩이 촉촉하게 완성될 수 있도록 댐퍼를 닫고 구워줍니다.

   point 컨벡션 오븐의 경우 140~150℃로 예열된 오븐에서 40~50분간 구워줍니다.

성형 & 마무리

1. 휴지를 마친 뵈르 크루아상 반죽을 폭 60cm, 두께 4.5~5mm로 밀어 편 후 11cm 정사각형 크기로 잘라줍니다.

2. 사진 속 모양으로 칼집을 내줍니다.

3. 잘라진 반죽을 위쪽으로 올린 후 붙여줍니다.

4. 반대편 잘라진 반죽도 위쪽으로 올린 후 붙여줍니다.

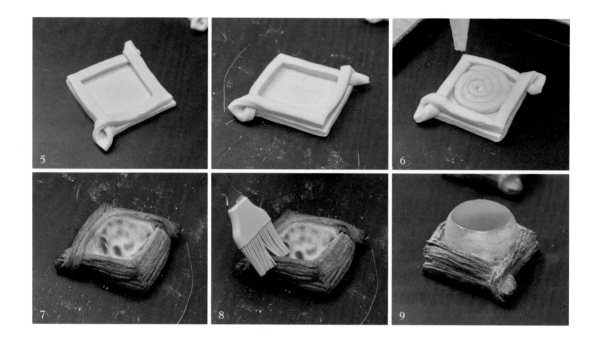

5. 70%-28℃에서 1시간 30분~2시간 발효시켜줍니다.

6. 발효를 마친 반죽에 크렘 파티시에르를 채워줍니다.

7. 데크 오븐 기준 윗불 210℃, 아랫불 190℃에서 19~22분간 구워줍니다.

   point 컨벡션 오븐의 경우 190°C로 예열된 오븐에서 18~20분간 구워줍니다.

8. 구워져 나온 직후 시럽을 발라줍니다.

9. 데코스노우를 뿌린 후, 푸딩을 올려 마무리합니다.

Churros Croissant

추로스 크루아상

달콤하고 바삭한 크루아상 속 진한 초코 크림으로 가득 찬 제품으로,
어릴 적 놀이동산에서 먹었던 추억의 추로스를 연상시키는 맛입니다.
시나몬파우더와 비정제 설탕을 묻혀 향긋함과 씹히는 식감을 업그레이드했습니다.

크루아상 약 10개 분량

반죽	성형을 마친 크루아상 반죽(145p) 10개
초코 크림 (개당 30~36g)	동물성 휘핑크림(레스큐어) 819g, 우유 819g, 노른자 438g 설탕 300g, 다크초콜릿(RDC 블랜드 에콰도르 페루 70%) 690g
시나몬 설탕	설탕 150g, 시나몬파우더 5g ◆ 설탕과 시나몬파우더를 섞어 사용합니다.
시럽	냄비에 물과 설탕(1:1비율)을 넣고 약 102℃까지 끓인 후 식혀 사용합니다.
기타	무스코바도 적당량, 다크 코팅초콜릿 적당량

초코 크림

1. 냄비에 초콜릿을 제외한 모든 재료를 넣고 80℃까지 끓여줍니다.

   point 노른자가 익지 않도록 휘퍼를 사용해 저어주며 끓여줍니다.

2. 초콜릿을 넣고 초콜릿을 완전히 녹여줍니다.

3. 통에 옮겨 담은 후 밀착 랩핑해 냉장고에 보관합니다.

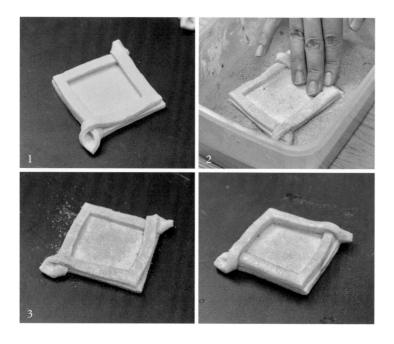

성형 & 마무리

1. 푸딩 크루아상과 동일한 모양으로 성형한 반죽을 준비합니다.

2. 시나몬 설탕을 반죽 앞뒷면에 골고루 묻혀줍니다.

3. 70%-28℃에서 1시간 30분~2시간 발효시켜줍니다.

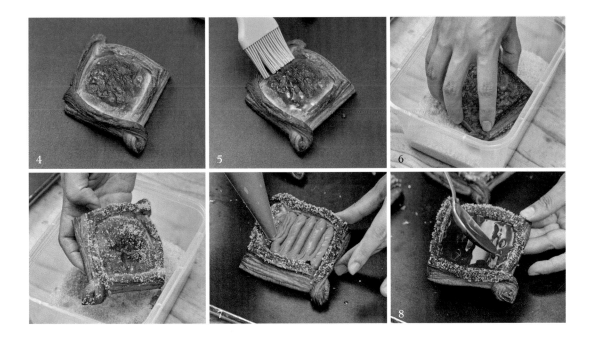

4. 데크 오븐 기준 윗불 210℃, 아랫불 190℃에서 19~22분간 구워줍니다.

point 컨벡션 오븐의 경우 190℃로 예열된 오븐에서 18~20분간 구워줍니다.

5. 구워져 나온 직후 시럽을 발라줍니다.

6. 무스코바도를 묻혀줍니다.

7. 초코 크림을 약 30~36g 채워줍니다.

point 크루아상이 중앙이 부풀어 올라 초코 크림을 채우기 힘들기 때문에 수저을 사용해 크림이 들어갈
자리를 평평하게 눌러준 후 작업하는 것이 좋습니다.

8. 녹인 다크 코팅초콜릿을 채워줍니다.

9. 다크 코팅초콜릿을 굳혀 마무리합니다.

Egg Tart Croissant

에그 타르트 크루아상

홍콩식도 포르투갈식도 아닌, 에그 타르트와 크루아상의 조합입니다.
새로운 조합에 어울리도록 에그 타르트를 연상시키는 원형이 아닌 직사각 모양을 택하였습니다.
필링은 크렘 파티시에르를 사용해 고소한 맛을 극대화시켰습니다.

크루아상 약 10개 분량

반죽	10×15cm로 자른 뵈르 크루아상 반죽 10개
충전물 (개당 60g)	크렘 파티시에르(82p) 450g, 마스카르포네(밀라) 150g
시럽	냄비에 물과 설탕(1:1비율)을 넣고 약 102℃까지 끓인 후 식혀 사용합니다.

충전물

1. 마스카르포네를 부드럽게 풀어줍니다.

2. 부드럽게 풀어준 크렘 파티시에르와 함께
   섞어줍니다.

성형 & 마무리

1. 휴지를 마친 뵈르 크루아상 반죽을
   폭 60cm, 두께 3mm로 밀어 편 후
   10×15cm 크기로 잘라줍니다.

2. 미니파운드 틀에 반죽을 퐁사주합니다.

   point 여기에서는 쉐프메이드 미니 파운드 틀 8구를
   사용했습니다.

   point 한 쪽이 낮거나 두껍지 않도록 고르게
   주름잡아줍니다.

3. 냉장고에서 30분~1시간 정도
   휴지시켜줍니다.

4. 휴지시킨 반죽에 유산지와 누름돌을 넣고
   컨벡션 오븐 기준 150℃로 예열된 오븐에서
   30분간 구워줍니다.

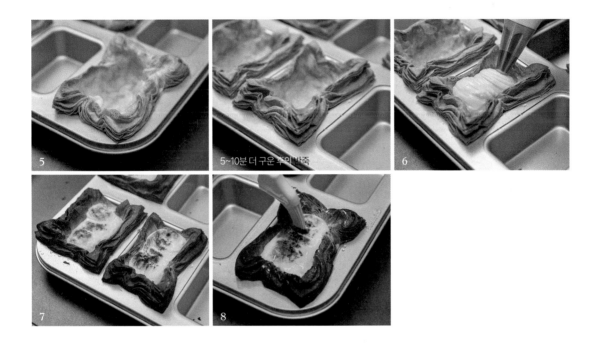

5~10분 더 구운 후의 반죽

5. 유산지와 누름돌을 뺀 후 5~10분 정도 더 구워줍니다.

point 첫 번째 사진과 같은 색이 나면 유산지와 누름돌을 빼준 후 더 구워줍니다.
두 번째 사진은 5~10분 정도 더 굽고 난 후의 모습입니다.

6. 충전물을 채워줍니다.

7. 컨벡션 오븐 기준 210℃로 예열된 오븐에서 15분간 구워준 후 160℃로 낮춰 3~5분 더 구워줍니다.

8. 구워져 나온 직후 시럽을 발라줍니다.

Tiramisu Egg Tart Croissant

티라미수 에그 타르트 크루아상

노른자 특유의 고소하면서도 묵직한 맛이 특징인 제품입니다.
마스카르포네를 사용하여 깔끔하면서도 부드러운 우유의 풍미를 느낄 수 있게 하였고,
에스프레소 시럽으로 진한 커피의 맛을 더했습니다.
한입 베어 물면 좋은 기분을 가득 끌어올려주는 제품입니다.

크루아상 10개 분량

구운 뵈르 크루아상(155p)	10개
티라미수 무스 (개당 60g)	가루 젤라틴(200bloom) 12g, 우유 20g 물 74g, 트레할로스 30g, 설탕 180g, 노른자 240g 마스카르포네(밀라) 500g, 동물성 휘핑크림(레스큐어) 500g
에스프레소 시럽	에스프레소 180g, 설탕 60g ◆ 뜨거운 에스프레소와 설탕을 섞어 설탕을 녹여 사용합니다.
기타	사보이아르디 5개, 코코아파우더 적당량

티라미수 무스

1. 젤라틴과 우유를 수화시켜 준비합니다.

2. 물, 트레할로스, 설탕을 냄비에 넣고 118℃까지 끓인 후 **1**과 섞어줍니다.

3. 믹싱볼에 노른자를 넣고 밝은 미색이 띄도록 휘핑합니다.

   point 2번 작업과 동시에 진행합니다.

4. **3**에 **2**를 넣어가며 휘핑합니다.

5. **4**에 마스카르포네를 넣고 섞어줍니다.

6. 휘핑크림은 80% 정도 휘핑합니다.

7. **5**에 **6**을 2번에 나눠 섞어줍니다.

마무리

1. 사보이아르디를 절반으로 잘라 에스프레소 시럽에 앞뒤로 적셔줍니다.

2. 구워 식힌 반죽에 티라미수 무스를 파이핑합니다.

   point 여기에서는 원형 깍지(804번)를 사용했습니다.

3. 에스프레소 시럽에 적신 사보이아르디 1/2개를 넣어줍니다.

4. 티라미수 무스를 두 층으로 파이핑합니다.

5. 코코아파우더를 뿌려 마무리합니다.

Caramel Nuts Egg Tart Croissant

캐러멜 너츠 에그 타르트 크루아상

캐러멜과 4가지 견과류를 사용해 캐러멜 특유의 쌉싸래한 맛과 고급스럽게 어우러지도록 한 제품입니다.
4가지 견과류를 크리스탈라이징해 씹히는 맛에 재미를 주었으며
아몬드 크림을 채워 넣고 구워 묵직하면서도 안정감 있는 맛을 자랑합니다.

크루아상 10개 분량

구운 뵈르 크루아상(155p)	10개
충전물 (개당 25g)	아몬드 크림(44p) 250g
캐러멜 소스 ★ (개당 20g)	황설탕 200g, 동물성 휘핑크림(레스큐어) 200g
크렘 샹티이 ★	동물성 휘핑크림(레스큐어) 70g, 설탕 7g
	◆ 크렘 샹티이는 휘핑크림과 설탕을 100% 정도로 휘핑해 사용합니다.
캐러멜 크림 (개당 30g)	크렘 파티시에르(82p) 200g, 캐러멜 소스★ 40g, 크렘 샹티이★ 80g
크리스탈라이징 너츠	설탕 25g, 물 25g, 아몬드 50g, 헤이즐넛 50g, 피칸 50g, 호두 50g

캐러멜 소스

1. 냄비에 황설탕을 넣고 가열해 진한 갈색이 되도록 캐러멜라이징합니다.

2. 뜨거운 휘핑크림을 3번에 나눠 부으면서 휘퍼로 잘 섞어줍니다.

   point 휘핑크림은 황설탕이 캐러멜화가 될 동안 전자레인지에 데워 준비합니다.

3. 녹지 않은 설탕을 체에 걸러줍니다.

캐러멜 크림

1. 부드럽게 푼 크렘 파티시에르와 캐러멜 소스를 넣고 섞어줍니다.

2. 크렘 샹티이를 2번에 나눠 섞어줍니다.

크리스탈라이징 너츠

1. 냄비에 모든 재료를 넣고 끓여줍니다.

2. **1**을 체에 걸러줍니다.

3. 철판에 넓게 펼쳐줍니다.

4. 데크 오븐 기준 윗불 170℃, 아랫불 170℃에서 10~15분 구워줍니다.

point 컨벡션 오븐의 경우 170°C로 예열된 오븐에서 10~15분간 구워줍니다.

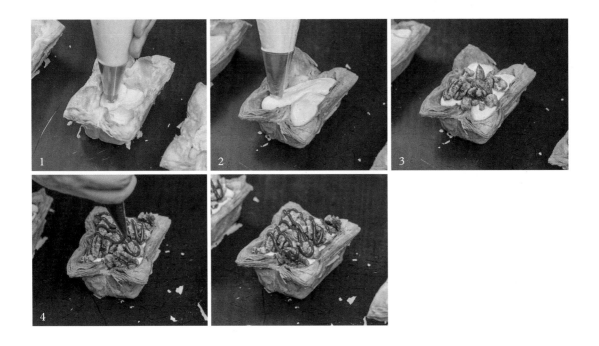

마무리

1. 구워진 반죽에 아몬드 크림을 50% (약 25g) 채워 컨벡션 오븐 기준 150℃로 예열된 오븐에서 20분간 구워줍니다.

2. 한 김 식힌 후 캐러멜 크림을 채워줍니다.

3. 크리스탈라이징 너츠를 듬뿍 올려줍니다.

4. 캐러멜 소스를 짤주머니에 담아 파이핑합니다.

Pistachio Egg Tart Croissant

피스타치오 에그 타르트 크루아상

피스타치오의 고소함을 가득 담은 에그 타르트 크루아상입니다.
윗면에 피스타치오를 가득 덮어 식감과 맛을 더해주었으며
피스타치오 특유의 향긋함까지 느낄 수 있는 제품입니다.

크루아상 10개 분량

구운 뵈르 크루아상(155p)	10개
크렘 샹티이 *	동물성 휘핑크림(레스큐어) 120g, 설탕 12g
	◆ 크렘 샹티이는 휘핑크림과 설탕을 100%로 휘핑해 사용합니다.
피스타치오 크림 (개당 60g)	크렘 파티시에르(82p) 400g, 피스타치오 페이스트(제원) 50g 크렘 샹티이*130g
시럽	냄비에 물과 설탕(1:1비율)을 넣고 약 102℃까지 끓인 후 식혀 사용합니다.
기타	피스타치오 분태 적당량

피스타치오 크림

1. 볼에 크렘 파티시에르를 담고 부드럽게 풀어줍니다.

2. 피스타치오 페이스트를 넣고 가볍게 섞어줍니다.

3. 100% 휘핑한 크렘 샹티이를 넣고 고르게 섞은 후 사용합니다.

마무리

1. 구워진 반죽에 피스타치오 크림을 약 60g 채워줍니다.

2. 컨벡션 오븐 기준 210℃로 예열된 오븐에서 15분간 구워준 후 160℃로 낮춰 3~5분 더 구운 후 시럽을 발라줍니다.

3. 피스타치오 분태를 가득 올려줍니다.

Sweet Corn
Egg Tart Croissant
스위트콘 에그 타르트 크루아상

옥수수의 달큰한 맛을 최대치로 끌어올린 에그 타르트 크루아상입니다.
크림 치즈와 초당 옥수수의 조화가 아주 좋으며, 옥수수를 장식해 마무리한 만큼
톡톡 터지는 옥수수의 식감을 느낄 수 있는 재미있는 제품입니다.

크루아상 10개 분량

구운 뵈르 크루아상(155p)   10개

스위트콘 아파레이유   크림 치즈 250g, 전분 6g, 설탕 70g
(개당 60g)   노른자 30g, 전란 150g, 동물성 휘핑크림(레스큐어) 106g
초당 옥수수 베이스(네이처티) 20g, 스위트콘 60g

시럽   냄비에 물과 설탕(1:1비율)을 넣고 약 102℃까지 끓인 후 식혀 사용합니다.

기타   구운 옥수수(시판) 적당량, 슈레드 치즈 적당량

스위트콘 아파레이유

1. 써머믹서에 모든 재료를 넣습니다.

   point 써머믹서가 없으면 푸드프로세서를
   사용해도 좋습니다.

2. 입자감이 느껴지도록 절반 정도 갈아줍니다.

3. 냉장 휴지 후 사용합니다.

마무리

1. 스위트콘 아파레이유를 주걱으로 고르게
   섞어줍니다.

   point 가라앉은 충전물이 고르게 들어가도록
   섞어주며 작업합니다.

2. 구워진 반죽에 스위트콘 아파레이유를
   채워줍니다.

3. 컨벡션 오븐 기준 210℃로 예열된 오븐에서
   15분간 구워준 후 160℃로 낮춰 3~5분 더
   구운 후 시럽을 발라줍니다.

4. 한 김 식힌 타르트 위에 구운 옥수수를
   올려줍니다.

5. 슈레드 치즈를 올려줍니다.

6. 슈레드 치즈를 살짝 그을려 완성합니다.

쌀반죽(성형 후 남은 반죽)을 활용한 제품 & 팔미에

Crungji

크룽지 (시나몬, 초코)

크루아상과 누룽지의 합성어인 크룽지는 유튜버 '강쥐'님과 함께 콜라보한 제품으로
크로플을 뒤이어 유행하는 제품이 되었습니다. 철판을 누르는 시간에 따라 식감이 달라지기 때문에
원하는 식감에 맞춰 철판을 누르는 시간을 조절해 완성할 수 있습니다.

약 10개 분량

반죽	짤반죽 적당량
시나몬 글레이즈 (개당 11g)	슈거파우더 600g, 물 100g, 시나몬파우더 적당량

1. 짤반죽을 모아서 겹친 다음 파이롤러로 펴준 뒤 뵈르 크루아상(폭 56cm, 두께 4.5mm로 밀고 12×26.5~27cm)과 동일하게 밀어 펴줍니다.

2. 뵈르 크루아상과 동일하게 작업해 2차 발효까지 마친 반죽을 철판에 팬닝한 후 테프론시트를 덮고 철판으로 꾹 눌러줍니다.

3. 데크 오븐 기준 윗불 210℃, 아랫불 190℃에서 15~18분간 구워줍니다.

   point 컨벡션 오븐의 경우 180℃로 예열된 오븐에서 19~20분간 구워줍니다.

4. 슈거파우더, 물, 시나몬파우더를 함께 섞어 글레이즈를 만들고 크룽지에 발라줍니다.

5. 실온에 10분 두어 굳히거나, 100℃ 오븐에서 1분 정도 말려 완성합니다.

초코 크룽지

짤주머니에 녹인 다크 코팅초콜릿을 담아
크룽지에 지그재그로 파이핑한 후
초코 진주 크런치를 올려 마무리합니다.

Red Beans Paste
& Butter Crungji
앙버터 크룽지

몇 번의 테스트를 통해 탄생한 앙버터입니다.
크루아상의 부드러움이 앙버터의 매력을 충분히 포용하지 못하여
테스트 끝에 크룽지를 응용하여 만들어보았습니다.
크룽지의 바삭함과 버터와 앙금의 부드러운 조합이 잘 어울리는 제품입니다.

크룽지 10개 분량

크룽지(178p)	10개
저당 팥	600g
3×18×0.5cm로 자른 가염 버터	10개
슈거파우더	적당량

1. 구운 후 충분히 식힌 크룽지를 세로로 길게 반 잘라줍니다.

2. 크룽지 반쪽 위에 미리 재단해 둔 버터를 얹고, 저당 팥을 버터 위로 펼쳐준 후, 남은 크룽지로 덮어줍니다.

Cinnamon Roll

시나몬 롤

겉은 바삭하고 속은 부드러운 테디뵈르하우스에서만 맛볼 수 있는 특별한 시나몬 롤입니다.
세 줄 땋기로 성형해 앙증맞고 귀여운 모양으로 완성했습니다.

10개 분량

반죽	4.5×17cm로 자른 뵈르 크루아상 반죽 10개
	◆ 짤반죽을 모아 밀어 펴 사용할 수도 있습니다.
충전물	버터 200g, 황설탕 340g, 시나몬파우더 30g
시나몬 설탕	설탕 150g, 시나몬파우더 5g
	◆ 모든 재료를 섞어줍니다.
시럽	냄비에 물과 설탕(1:1비율)을 넣고 약 102℃까지 끓인 후 식혀 사용합니다.

1. 휴지를 마친 뵈르 크루아상 반죽을 폭 55cm, 두께 4mm로 밀어 폅니다.

   point 여기에서는 뵈르 크루아상 반죽을 사용했지만, 짤반죽을 모아 밀어 편 후 사용해도 되는 제품입니다.

2. 반죽 절반에 충전물을 고르게 발라줍니다.

3. 반죽을 반 잘라 덮어줍니다.

4. 4.5×17cm 직사각형으로 잘라줍니다.

5. 윗부분을 0.5cm 정도 남기고 세 줄로 잘라줍니다.

6. 세 줄로 땋아줍니다.

7. 아래에서부터 위로 동그랗게 말아줍니다.

8. 머핀틀에 넣어 70%-28℃에서 2시간 30분 정도 발효시켜줍니다.

    point 반죽의 이음매 부분이 아래로 향하도록 팬닝합니다.

9. 데크 오븐 기준 윗불 200℃, 아랫불 180℃에서 20~23분간 구워줍니다.
    (단, 25분이 넘어갈 경우 질기고 뻣뻣해질 수 있으니 주의합니다.)

    point 컨벡션 오븐의 경우 180°C로 예열된 오븐에서 23~25분간 구워줍니다.

10. 구워져 나오자마자 시럽을 바르고 한김 식힌 뒤, 시나몬 설탕을 묻혀 마무리합니다.

Rusk

리스크

크루아상을 러스크처럼 구운 후 초콜릿을 묻힌 제품으로
일본에서 먹어본 기억으로 만든 레시피입니다.
계속 먹어도 질리지 않는 중독적인 맛으로
여기에서 설명하는 4가지의 맛 외에도
다양하게 응용할 수 있습니다.

① 허니 버터 러스크

허니 버터 소스

버터	100g
우유	50g
동물성 휘핑크림 (레스큐어)	50g
물엿	30g
설탕	50g
트레할로스	30g

기타

크루아상	200g
꿀	적당량

How to Make

1. 크루아상을 한입 크기로 잘라 준비합니다.

2. 1을 구움색이 나도록 구워줍니다.

3. 허니 버터 소스의 모든 재료를 전자레인지에 넣고 녹여줍니다.

4. 녹인 허니 버터 소스에 구운 크루아상을 넣고 버무려줍니다.

5. 4를 체에 걸러 소스를 제거해 줍니다.

6. 데크 오븐 기준 윗불 120℃, 아랫불 120℃에서 20~30분간 구워줍니다.

   point 컨벡션 오븐의 경우 120°C로 예열된 오븐에서 20~30분간 구워줍니다.

7. 구워져 나온 직후 여분의 꿀을 뿌려 완성합니다.

② 초콜릿 러스크

크루아상	200g
다크 코팅초콜릿	1000g
코코넛가루	100g

How to Make

녹인 다크 코팅초콜릿을 크루아상에 묻힌 후 코코넛가루를 묻혀 완성합니다.

point 크루아상은 한입 크기로 자른 후 구워 사용합니다.

③ 피스타치오 러스크

크루아상	200g
화이트 코팅초콜릿	1000g
피스타치오 페이스트(제원)	90g
피스타치오 가루 또는 분태 적당량	

녹인 화이트 코팅초콜릿과 피스타치오 페이스트를 섞어 크루아상에 묻힌 후 피스타치오 가루나 분태를 묻혀 완성합니다.

point 크루아상은 한입 크기로 자른 후 구워 사용합니다.

④ 흑임자 러스크

크루아상	200g
화이트 코팅초콜릿	1000g
흑임자 페이스트	100g
검은깨	적당량
참깨	적당량

녹인 화이트 코팅초콜릿과 흑임자 페이스트를 섞어 크루아상에 묻힌 후 소량의 깨를 뿌려 완성합니다.

point 크루아상은 한입 크기로 자른 후 구워 사용합니다.

Palmier

팔미에

종려나무의 잎 모양을 연상시키는 팔미에는 나라마다 다른 뜻으로 해석하는 경우도 있지만
하트 모양의 사랑스러운 디저트라는 것에는 이견이 없을 것입니다.
잼과 자라메 설탕으로 맛에 포인트를 준 메뉴로, 매장에서도 큰 인기를 끌고 있습니다.

약 30개 분량

반죽	T45밀가루 200g, 박력분 133g, 버터 300g 물(3℃이하) 133g, 식초 9g, 소금 6.5g, 설탕 8g
라즈베리 잼 (199p)	냉동 라즈베리(홀) 126g, 라즈베리 퓌레 126g 설탕 88g, 프락토올리고당 50g 트레할로스 56g, NH펙틴 3g, 레몬즙 10g
기타	자라메 설탕 적당량, 설탕 적당량

반죽

1. 써머믹서(또는 푸드프로세서)에 체 친 T45밀가루와 박력분, 차가운 상태의 깍둑 썬 버터를 넣고 버터가 쌀알 크기가 될 때까지 갈아줍니다.

2. 차가운 상태의 물, 식초, 소금, 설탕을 넣고 반죽 상태가 될 때까지 믹싱합니다.

   point 물은 얼음을 가득 넣고 온도를 3℃ 이하로 맞춰 얼음을 걸러낸 후 사용합니다.

3. 반죽을 꺼내 한 덩어리로 사각형 모양으로 뭉쳐줍니다.

4. 반죽을 직사각형으로 밀어 폅니다.

5. 스크래퍼로 3등분합니다.

6. 3등분한 반죽을 포갭니다.

7. 다시 반죽을 직사각형으로 밀어 펍니다.

8. 3절 접기를 합니다.

9. 냉장고에서 2~3시간 동안 휴지시켜준 후 동일한 방법으로 2번 더 작업합니다. (3절 접기 총 4회)

point 반죽을 만졌을 때 단단한 상태인 것이 좋습니다. 반죽이 말랑거리는 상태로 작업을 하면 결이 잘 생기지 않을 수 있습니다.

성형 & 마무리

1. 반죽을 폭 36~38cm, 두께는 3mm로 밀어 편 후 가장자리를 깔끔하게 잘라줍니다.

2. 반죽 위아래를 돌돌 말아줍니다.

3. 자르기 쉽게 냉동실에 넣어 잠시 굳혀줍니다.

4. 자라메 설탕을 묻혀줍니다.

    point 설탕이 잘 붙을 수 있게 겉면에 달걀흰자를 발라주면 더 좋습니다.

5. 두께 2.5cm로 자른 후 자라메 설탕을 앞 뒷면에 한 번 더 골고루 묻혀줍니다.

6. 컨벡션 오븐 기준 180℃로 예열된 오븐에서 25~28분간 구워줍니다.

7. 라즈베리 잼을 파이핑합니다.

8. 다시 180℃로 예열된 오븐에서 3~5분간 구워줍니다.

잼 & 음료

Fruit Jam

과일 잼

다양한 맛과 식감으로 크루아상을 더욱 다채롭게 즐길 수 있도록 해주는 잼입니다.
방부제가 들어가지 않고 저감미당을 이용해 건강까지 생각한 제품입니다.

① 라즈베리 잼

미니 잼 병(50ml) **약 20개 분량**

냉동 라즈베리(홀)	303g
라즈베리 퓌레	303g
설탕	211g
프락토올리고당	120g
트레할로스	134g
NH펙틴	6g
레몬즙	24g

How to Make

1. 냄비에 냉동 라즈베리, 라즈베리 퓌레, 설탕, 프락토올리고당, 트레할로스를 넣고 천천히 온도를 올려줍니다.

2. 50℃로 온도가 올라가면 미리 섞어둔 NH펙틴과 설탕을 세 번에 나눠 넣어가며 가열합니다.

3. 2분 정도 저어가며 가열한 후 불에서 내려 레몬즙을 넣고 섞어줍니다.

4. 병에 담고 진공처리합니다.

point 잼 병과 뚜껑은 따뜻한 물로 깨끗이 소독한 후 오븐이나 뜨거운 열로 말려 사용합니다.

② 오렌지 바질 잼

미니 잼 병(50ml) **약 20개 분량**

오렌지	509g
오렌지 과즙	100g
NH펙틴	5g
설탕	427g
레몬즙	3.5g
바질	11g

How to Make

1. 오렌지는 흐르는 물에 깨끗이 씻어 8등분으로 자른 후 속껍질의 하얀 부분을 도려냅니다.

   point 속껍질의 하얀 부분에는 수용성의 쓴맛이 나는 성분이 함유되어 있으므로 제거한 후 사용합니다.

2. 속껍질의 하얀 부분을 제거하고 남은 오렌지 껍질을 찬물이 담긴 냄비에 넣고 가열합니다.

   point 껍질을 사용하고 남은 오렌지 과육을 짜 과즙으로 사용합니다. 시판 오렌지 주스로 대체해도 좋습니다.

3. 끓어오르면 체에 걸러내고, 다시 찬물이 담긴 냄비에 넣고 가열합니다. (총 3번 반복)

4. 체에 거른 오렌지껍질이 식기 전에 미리 섞어둔 NH펙틴과 설탕을 넣고 바믹서로 갈아줍니다.

5. 다시 냄비에 옮겨 오렌지 과즙과 함께 약불로 가열하다가 끓어오르면 불을 끄고 레몬즙을 넣고 섞어줍니다.

6. 완성된 잼은 완벽히 식혀준 후 바질과 갈아 완성합니다.

   point 뜨거운 상태에서 허브류의 재료를 넣게 되면 풀맛이 날 수 있어 주의합니다.

7. 병에 담고 진공처리합니다.

   point 잼 병과 뚜껑은 따뜻한 물로 깨끗이 소독한 후 오븐이나 뜨거운 열로 말려 사용합니다.

③ 피스타치오 누텔라 잼

미니 잼 병(50ml) **약 20개 분량**

우유	200g
버터	300g
화이트초콜릿 (발로나 오팔리스)	200g
피스타치오 프랄리네 (98p)	140g
피스타치오 페이스트 (제원)	160g

1. 볼에 우유, 버터를 넣고 중탕으로 가열해 80℃로 온도를 올린 후 화이트초콜릿을 넣고 녹여가며 섞어줍니다.

2. 피스타치오 프랄리네, 피스타치오 페이스트를 넣고 비믹서로 섞어줍니다.

3. 병에 담고 진공처리합니다.

point 잼 병과 뚜껑은 따뜻한 물로 깨끗이 소독한 후 오븐이나 뜨거운 열로 말려 사용합니다.

④ 얼그레이 잼

미니 잼 병(50ml) **약 18~20개 분량**

우유	1400g
동물성 휘핑크림 (레스큐어)	1400g
설탕	490g
프락토올리고당	70g
얼그레이	10g

1. 냄비에 모든 재료를 넣고 중약불에서 넘치지 않게 은근하게 오래 가열합니다.

2. 되직한 잼의 농도가 되면 불에서 내립니다.

point 농도를 맞추기 어렵다면 최종 무게가 850~870g이 될 때까지 가열합니다. 무게를 정해놓으면 항상 일정한 농도로 완성할 수 있습니다.

3. 병에 담고 진공처리합니다.

point 잼 병과 뚜껑은 따뜻한 물로 깨끗이 소독한 후 오븐이나 뜨거운 열로 말려 사용합니다.

Pistachio Cream Latte

피스타치오 크림 라테

오픈 초반 테디뵈르하우스를 이끌어주었던 시그니처 메뉴입니다.
당시 유명하다는 피스타치오 라테 맛집을 전부 찾아 돌아다니며 먹어보고,
다른 카페의 레시피들과 차별점을 두고 개발한 레시피입니다.
수제 피스타치오 프랄리네를 이용해 훨씬 더 풍부하고 고급스러운 고소함을 느낄 수 있습니다.

피스타치오 시럽*

피스타치오 페이스트(제원)
연유

▶ 피스타치오 페이스트와 연유를 1:4 비율로 계량해
　얇은 휘퍼로 섞어줍니다.

피스타치오 베이스

우유(서울우유 바리스타 밀크)	1L
피스타치오 시럽*	80g

▶ 비커에 모든 재료를 넣고 핸드블렌더로 섞어줍니다.
　이때 거품이 들어가지 않도록 날을 비커 바닥에 붙인
　상태로 작업합니다.

피스타치오 크림

피스타치오 페이스트(제원)	200g
피스타치오 프랄리네(98p)	100g
생크림(서울우유)	500ml
동물성 휘핑크림(레스큐어)	120g
설탕	100g

▶ 비커에 모든 재료를 넣고 핸드블렌더로 2분간 단단
　하게 휘핑합니다. 처음 비커에 담긴 높이와 비교했을
　때 1/2 이상 더 올라오는 정도로 휘핑합니다.

서빙

① 300ml 유리잔에 피스타치오 베이스를 150g
　부어줍니다.

② 얼음 4개를 넣고 에스프레소 2샷을 천천히
　부어줍니다.

③ 피스타치오 크림 50~60g을 올려줍니다.

④ 피스타치오 분태(분량 외)를 소복하게 올려
　마무리합니다.

Cream
Chocolat Chaud
크림 쇼콜라 쇼

코코아파우더가 아닌 프랑스 발로나 초콜릿과 벨기에 칼리바우트 초콜릿을 이용해 만든 음료로
코코아파우더에서 느껴지는 텁텁함이 없으면서 깔끔하고 진한 맛의 쇼콜라 음료로 완성했습니다.
따뜻한 음료와 차가운 음료 두 가지로 즐길 수 있으며,
겨울철 따뜻하게 먹으면 온몸이 녹아내리는 듯한 기분을 느낄 수 있는 음료입니다.

쇼콜라 쇼 베이스

다크초콜릿(발로나 카라이브 66%)	250g
밀크초콜릿(칼리바우트 823, 33.6%)	150g
골드럼(디종)	20g
우유(서울우유 바리스타 밀크)	1L

▶ 2L 피처에 다크초콜릿, 밀크초콜릿, 골드럼, 스팀으로
데운 우유를 넣고 블렌더로 곱게 갈아줍니다.

우유 크림

생크림(서울우유)	500ml
동물성 휘핑크림(레스큐어)	120g
연유	90g

▶ 볼에 모든 재료를 넣고 2분 정도 몽실몽실 흐르는
질감으로 휘핑(처음 부피의 약 2.5배)합니다.

서빙

① 300ml 유리잔에 쇼콜라 쇼 베이스를 180g 부어줍니다.

② 얼음 5개를 넣고 우유 크림 50~60g을 올려줍니다.

point 따뜻한 음료로 나가는 경우 얼음을 넣지 않고 쇼콜라 쇼 베이스를 스팀기로 데워줍니다.

③ 코코아파우더(분량 외)를 뿌리고 다크 블로섬(컬스 초콜릿, 분량 외)를 올려 마무리합니다.

Marron Latte

마롱 라테